Theogene Habakubaho

Resíduos de plástico sustentáveis em Kigali-Rwanda

Theogene Habakubaho

Resíduos de plástico sustentáveis em Kigali-Rwanda

ScienciaScripts

Imprint

Cover image: www.ingimage.com

This book is a translation from the original published under ISBN 978-3-659-87449-9.

Publisher:
Sciencia Scripts
is a trademark of
Dodo Books Indian Ocean Ltd. and OmniScriptum S.R.L publishing group

120 High Road, East Finchley, London, N2 9ED, United Kingdom
Str. Armeneasca 28/1, office 1, Chisinau MD-2012, Republic of Moldova, Europe
Managing Directors: Ieva Konstantinova, Victoria Ursu
info@omniscriptum.com

Printed at: see last page
ISBN: 978-620-8-63522-0

GESTÃO SUSTENTÁVEL DOS RESÍDUOS DE PLÁSTICO NA CIDADE DE KIGALI, RUANDA

novembro, 2013

RECONHECIMENTO

A produção deste trabalho intitulado "*Gestão sustentável dos resíduos de plástico na cidade de Kigali*" foi o resultado de um longo processo de consulta e participação que envolveu fabricantes de plástico, retalhistas, recicladores, consumidores, reguladores, decisores políticos, municípios, organizações não governamentais (ONG) e o público. Por conseguinte, gostaria de agradecer a todas as pessoas que forneceram informações incluídas no presente relatório.

Estou extremamente grato ao meu supervisor, Professor MAKANGA Boniface, pelo seu inestimável apoio, orientação e direção. Foi graças à sua orientação diligente que este trabalho foi concluído com êxito. A minha gratidão vai também para todos os professores e funcionários da Faculdade de Ciências Aplicadas e Tecnologia pela qualidade da educação e apoio que recebi durante o meu tempo na Universidade Internacional de Kampala.

Por último, é com grande prazer que agradeço aos meus falecidos pais, aos meus irmãos e irmãs e, em especial, à minha mulher, pela compreensão, carinho e amor que a minha família me concedeu, especialmente durante o período em que estive longe deles.

RESUMO

Kigali, a capital da República do Ruanda, enfrenta atualmente desafios relacionados com a gestão dos resíduos de plástico. Na cidade, os sacos de polietileno são a única categoria de produtos de plástico que está seriamente regulamentada, o que faz com que os outros resíduos de plástico aumentem regularmente.

A maior parte dos resíduos de plástico não é recolhida corretamente nem eliminada de forma adequada, o que está a causar impactos negativos no ambiente e na saúde pública, incluindo a degradação dos solos, a poluição visual, a poluição da água, a poluição do ar, doenças como problemas respiratórios, vómitos, diarreia, náuseas, dores de cabeça e fadiga geral. Em 2003, foi adoptada uma ordem ministerial que proíbe a importação e a utilização de sacos de plástico com espessura inferior a 60µm, como uma das recomendações do estudo sobre sacos de polietileno no Ruanda. Mais tarde, em 2008, foi aprovada pelo Parlamento uma lei relativa à proibição do fabrico, importação, utilização e venda de sacos de polietileno no Ruanda, cuja aplicação resultou numa redução significativa dos resíduos de plástico em geral e da utilização de sacos de plástico em particular. No entanto, a falta de um quadro jurídico e institucional abrangente, bem como de uma estratégia integrada para lidar com os resíduos de plástico, dificultou todos os esforços destinados a enfrentar os desafios relacionados com os resíduos de plástico.

Por conseguinte, esta investigação avaliou a situação atual no que diz respeito aos resíduos de plástico, identificando desafios e oportunidades e propondo acções estratégicas para alcançar uma gestão sustentável dos resíduos de plástico na cidade de Kigali. Foi revelado que o país não dispõe de um quadro jurídico e institucional abrangente no que respeita aos resíduos de plástico. A falta de apropriação por parte da administração local de Kigali e a falta de coordenação das instituições governamentais surgiram como a maior fraqueza neste domínio da gestão dos resíduos de plástico. A má recolha, o transporte, a eliminação e a falta de empresas tecnicamente qualificadas no domínio da reciclagem de resíduos de plástico foram também identificados como os principais desafios à gestão dos resíduos de plástico na cidade de Kigali.

No entanto, a proibição da importação, fabrico e utilização de sacos de polietileno na região surgiram como as maiores oportunidades para reduzir os resíduos de plástico e como uma oportunidade para investir em embalagens alternativas. A cultura de limpeza, a disponibilidade da população para pagar a recolha e o transporte de resíduos, a disponibilidade de apoio do governo ao sector privado e os benefícios económicos da gestão dos resíduos de plástico foram identificados como oportunidades que podem conduzir a uma gestão sustentável dos resíduos de plástico em Kigali.

As acções propostas consideram os aspectos ambientais e socioeconómicos dos resíduos de plástico através de acções jurídicas, institucionais e tecnológicas relacionadas com a produção e a gestão dos resíduos de plástico. A sensibilização do público, um sistema de recolha e transporte eficiente e eficaz, a reciclagem e a utilização de materiais alternativos foram identificados como acções-chave para lidar de forma eficaz e sustentável com os resíduos de plástico.

ÍNDICE DE CONTEÚDOS

CAPÍTULO I: INTRODUÇÃO

1.1. Antecedentes do estudo

O crescimento económico e a alteração dos padrões de consumo e de produção estão a resultar num rápido aumento da produção de resíduos plásticos no mundo (PNUD, 2010). O consumo mundial anual de materiais plásticos aumentou de cerca de 5 milhões de toneladas na década de 1950 para quase 100 milhões de toneladas; assim, são produzidos atualmente 20 vezes mais resíduos de plástico do que há 50 anos (PNUD, 2010). Isto significa que, por um lado, estão a ser utilizados mais recursos para satisfazer o aumento da procura de plástico e, por outro lado, estão a ser gerados e eliminados na natureza mais resíduos de plástico. Na Ásia e no Pacífico, bem como em muitas outras regiões em desenvolvimento, o consumo de plástico aumentou muito mais do que a média mundial devido à rápida urbanização e ao desenvolvimento económico, especialmente nas áreas da indústria alimentar e das bebidas.

Devido ao aumento da produção, os resíduos de plástico estão a tornar-se um fluxo importante nos resíduos sólidos. A seguir aos resíduos alimentares e aos resíduos de papel, os resíduos de plástico são o terceiro maior constituinte dos resíduos urbanos e industriais nas cidades. Mesmo as cidades com baixo crescimento económico começaram a produzir mais resíduos de plástico devido ao aumento da utilização de embalagens de plástico, sacos de compras de plástico, garrafas PET e outros bens/aparelhos que utilizam o plástico como componente principal. Este aumento transformou-se num grande desafio para as autoridades locais, responsáveis pela gestão dos resíduos sólidos e pelo saneamento, porque a maior parte dos resíduos de plástico não é recolhida corretamente nem eliminada de forma adequada para evitar os seus impactos negativos no ambiente e na saúde pública. Os resíduos de plástico estão a provocar a deposição de lixo e a asfixia do sistema de esgotos em muitas cidades, incluindo Kigali, a capital da República do Ruanda. O aumento do volume de resíduos também coloca problemas graves, especialmente no que respeita à sua eliminação. Esses problemas incluem a poluição do solo, a poluição da água, a poluição do ar (quando queimado), a destruição da camada de ozono e doenças relacionadas com a saúde.

Em todo o mundo, a gestão de resíduos sólidos é a primeira prioridade como forma de mitigar os danos ambientais. A gestão de resíduos sólidos implica a recolha, o transporte, o processamento, a reciclagem ou a eliminação e a monitorização de materiais residuais. O termo refere-se normalmente a materiais produzidos pela atividade humana e é geralmente utilizado para reduzir o seu efeito na saúde, no ambiente ou na estética. A gestão de resíduos também é efectuada para recuperar recursos, como alguns componentes dos resíduos de plástico, que têm valor económico e podem ser reciclados quando corretamente recuperados.

No Ruanda, a gestão dos resíduos sólidos, especialmente dos resíduos de plástico, tem sido uma das prioridades da Autoridade de Gestão Ambiental do Ruanda desde a sua criação em 2003. Em 2005, o Ministério dos Recursos Naturais encomendou um estudo sobre a situação dos sacos de plástico no Ruanda, tendo o ambiente nas suas atribuições, e foi adoptada uma ordem ministerial que proíbe a importação e a utilização de sacos de plástico com uma espessura inferior a 60µm, como uma das recomendações do estudo. Mais tarde, em 2008, o Parlamento adoptou a lei que proíbe o fabrico, a importação e a utilização de polietileno. A aplicação desta lei resultou em reduções significativas dos resíduos de plástico em geral e da utilização de sacos de plástico em particular. Em 2010, a capital do Ruanda, Kigali, recebeu o *prémio Habitat Scroll of Honour Award* pelas muitas inovações na construção de uma cidade modelo e moderna, simbolizada pela tolerância zero para os plásticos, pela melhoria da recolha de lixo e por uma redução substancial da criminalidade.

No entanto, na altura da proibição dos sacos de plástico, o Ruanda não dispunha de um fabricante nacional de uma opção reutilizável, pelo que as embalagens alternativas constituíam um sério obstáculo à aplicação da lei que proíbe os sacos de plástico. Além disso, após a proibição dos sacos de plástico no país, foi recolhida uma quantidade considerável de resíduos de plástico em todo o país, que estão a ser recolhidos nos aeroportos e postos fronteiriços, nos hospitais e centros de saúde, e o país não dispõe de um mecanismo sustentável para eliminar ou reciclar todos os resíduos de plástico. Por conseguinte, são necessárias estratégias adicionais para que o país possa resolver corretamente todos os problemas relacionados com os resíduos de plástico. Entre outras questões que têm de ser abordadas, contam-se a quase inexistência de uma empresa de reciclagem, a ausência de embalagens alternativas em alguns sectores, como a saúde e a agricultura, os resíduos de plástico que não são abrangidos por uma portaria ministerial e os resíduos de plástico provenientes de países vizinhos. Estas estratégias devem ter em conta não só as questões jurídicas, institucionais e técnicas relacionadas com os resíduos de plástico, mas também os aspectos sociais e económicos dos agregados familiares.

1.2. Breve panorâmica da cidade de Kigali

Situada no coração geográfico do Ruanda, a cidade de Kigali, em rápido crescimento, não é apenas a capital nacional, mas também o centro de negócios mais importante do país e o principal porto de entrada. A cidade de Kigali, que começou em 1907 como um pequeno posto colonial com poucas ligações ao mundo exterior, tem atualmente mais de 106 anos.

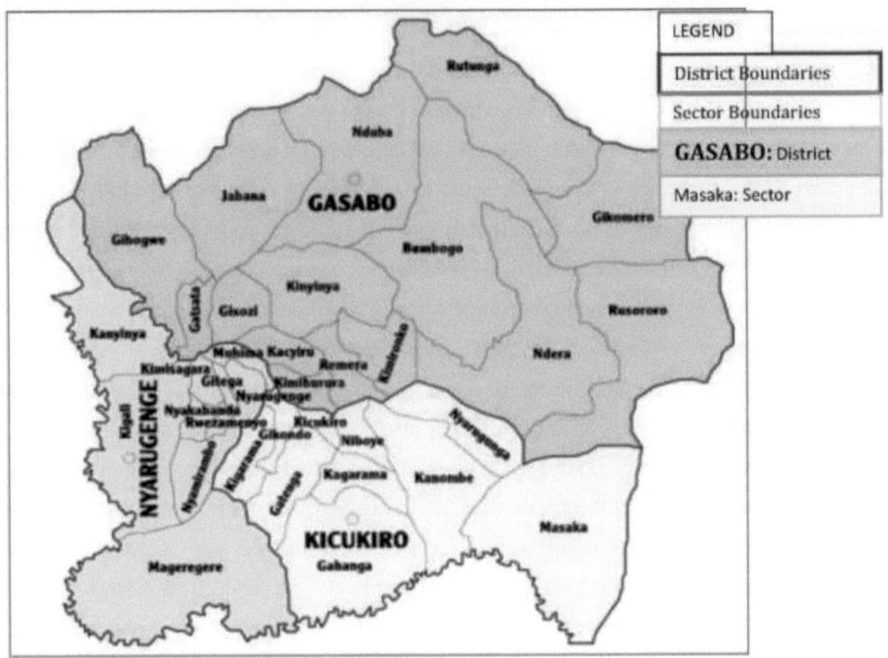

Figura 1: Mapa administrativo da cidade de Kigali

Atualmente, a cidade de Kigali atingiu a maioridade como capital do Ruanda e deu passos fenomenais. É uma cidade que não só sobreviveu, como prevaleceu e se transformou numa metrópole moderna, um coração da economia ruandesa emergente e um orgulho para todos os ruandeses. A cidade de Kigali é composta por três distritos, nomeadamente Gasabo, Kicukiro e Nyarugenge, e 35 sectores como unidades administrativas. Dos 35 sectores que constituem a cidade de Kigali, apenas 22 sectores estão situados na zona urbana e representam menos de 40% da área total da cidade de Kigali.

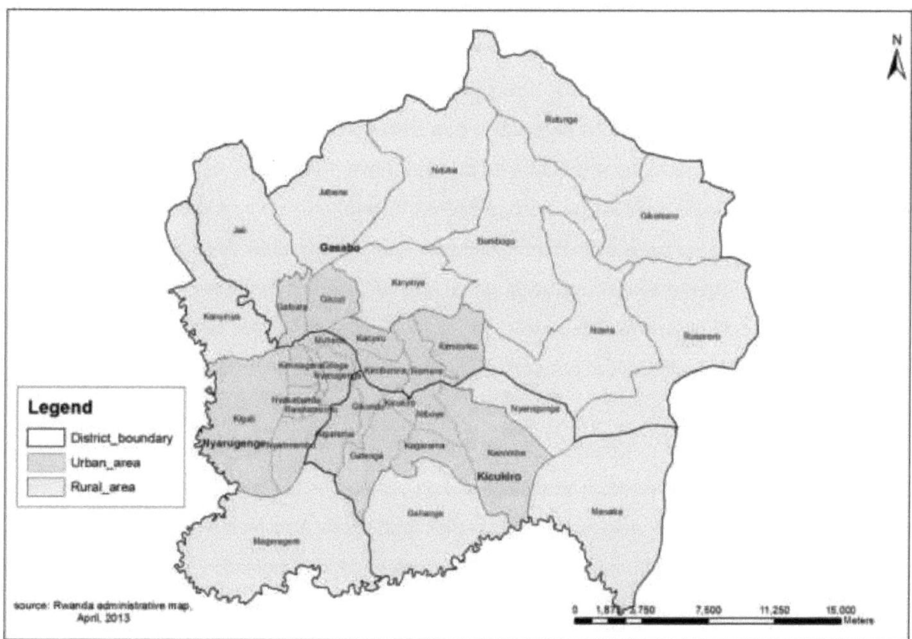

Figura 2: Zona urbana VS zona rural na cidade de Kigali

De acordo com os resultados provisórios do recenseamento da população de 2012, o distrito de Gasabo tem a população mais elevada, com 274 342 homens e 256 565 mulheres, Nyarugenge com 148 242 homens e 136 578 mulheres e Kicukiro (162 755 homens e 156 906 mulheres), NISR, 2012). De acordo com este censo, 27,7% dos agregados familiares na cidade de Kigali são chefiados por mulheres, 10,3% são chefiados por pessoas com deficiência e 19,3% são chefiados por viúvas. O distrito de Kicukiro regista os níveis de pobreza mais baixos, com 8,3%, enquanto Gasabo, 26% e Nyarugenge 10,1%. Os níveis de pobreza são elevados em Gasabo (26% de pobreza e 13,2% de pobreza extrema), Nyarugenge (10,1% e 3,6%) e Kicukiro (8,3% e 2,8%). Estas caraterísticas demográficas são muito importantes para efeitos de planeamento. Elas oferecem oportunidades e desafios para o desenvolvimento da cidade de Kigali.

1.3. Declaração do problema

Embora os resíduos de plástico no Ruanda, tal como noutros países em desenvolvimento, tendam a ocupar a parte mais importante da gestão de resíduos sólidos, foram efectuados muito poucos, se não nenhuns, estudos sobre os resíduos de plástico no Ruanda. Os sacos de polietileno são a única categoria de produtos de plástico que é proibida ou seriamente regulamentada no Ruanda, o que faz com que os outros resíduos de plástico aumentem regularmente.

A deficiente recolha, transporte e eliminação de resíduos conduziu a graves problemas ambientais e de saúde, incluindo a degradação dos solos, a poluição visual, a poluição da água, a poluição do ar e doenças como problemas respiratórios, vómitos, diarreia, náuseas, dores de cabeça e fadiga. A inexistência de uma política global, de um quadro jurídico e institucional e de uma estratégia integrada para lidar com os resíduos de plástico tem dificultado todos os esforços destinados a resolver o problema da gestão dos resíduos de plástico. Além disso, todos os esforços envidados até à data em relação aos resíduos de plástico apenas tiveram em conta os aspectos ambientais e ignoraram os aspectos sociais e económicos, como as embalagens alternativas e a reciclagem. Por conseguinte, é urgente avaliar a situação atual, identificando os desafios e as oportunidades, e propor uma estratégia sustentável de gestão dos resíduos de plástico que tenha em conta os aspectos ambientais e socioeconómicos dos resíduos de plástico através de acções jurídicas, institucionais e tecnológicas.

1.4. Objetivo do estudo

O objetivo deste estudo foi avaliar a situação atual da gestão dos resíduos de plástico no Ruanda, com referência à cidade de Kigali, avaliar os desafios ambientais e socioeconómicos, identificar oportunidades que resultem numa gestão adequada dos resíduos de plástico e, finalmente, propor medidas para uma gestão sustentável dos resíduos de plástico.

1.5. Objectivos do estudo

O objetivo geral da investigação era avaliar as actuais práticas políticas, legais, institucionais e tecnológicas relativas à gestão dos resíduos de plástico em Kigali e propor medidas para uma gestão sustentável dos resíduos de plástico na cidade. Mais especificamente, os objectivos do estudo foram os seguintes

- identificar as fontes de resíduos de plástico e a quantidade de resíduos gerados,
- avaliar o tratamento atual dos resíduos de plástico e as oportunidades económicas sociais na cidade de Kigali; e
- propor um quadro para a gestão sustentável dos resíduos de plástico na cidade de Kigali.

1.6. Questões de investigação

1. Qual a eficácia das políticas, regulamentos e quadro institucional existentes no que respeita à gestão sustentável dos resíduos de plástico?

2. Quais são os desafios, os pontos fracos, as oportunidades e os pontos fortes das práticas actuais de gestão dos resíduos de plástico na cidade de Kigali?

3. Quais são as acções estratégicas a considerar para conseguir uma gestão sustentável dos resíduos de plástico na cidade de Kigali?

1.7. Âmbito do estudo

A limitação espacial desta investigação são os limites administrativos da cidade de Kigali, mas apenas a área urbana (21 sectores, ver Fig.2) foi considerada na recolha de dados através de questionários e entrevistas. Para além disso, a revisão da literatura e a consulta de pessoas conhecedoras da questão indicaram que o problema não é exclusivo da capital. Assim, o autor acredita que alguns dos resultados desta investigação podem ter implicações úteis para esforços semelhantes noutras cidades e a nível nacional, bem como na região.

Dada a complexidade, a diversificação dos resíduos de plástico e o contexto do país, o estudo não pôde abranger todos os plásticos, pelo que se centrou nos "termoplásticos", em especial o polietileno e o politereftalato de etileno, que se encontram em grande quantidade na cidade. O estudo avaliou os desafios ambientais, socioeconómicos, jurídicos e tecnológicos; os benefícios e as oportunidades relacionados com os resíduos de plástico sustentáveis e propôs uma estratégia adequada para conseguir uma gestão sustentável dos resíduos de plástico em Kigali e no Ruanda em geral.

1.8. Importância do estudo

Os resíduos de plástico tornaram-se problemáticos em todo o mundo. Os resíduos de sacos de plástico já se tornaram um sério dilema ambiental no Ruanda. Muitas partes interessadas manifestaram a sua preocupação, incluindo várias organizações governamentais, ONG ambientais e o público em geral. Esta investigação contribui essencialmente para os esforços em curso no Município de Kigali e no Ruanda em geral para criar um padrão de consumo e produção sustentáveis de produtos de plástico e de sacos de plástico em particular.

Para o Ruanda e a cidade de Kigali, esta dissertação será um dos instrumentos que a cidade de Kigali poderá utilizar para reforçar o seu sistema de gestão de resíduos e, em particular, as questões relacionadas com os resíduos de plástico. O Ministério dos Recursos Naturais e as agências ambientais, como a Autoridade de Gestão do Ambiente do Ruanda, utilizarão os resultados desta investigação na formulação de políticas adequadas em matéria de gestão dos resíduos de plástico. O sector privado, as ONG e a sociedade civil que operam no domínio da gestão de resíduos e das embalagens de bebidas e alimentos beneficiarão com esta investigação, pois poderão aproveitar as oportunidades identificadas e desenvolver propostas de projectos no domínio da gestão de resíduos. Por último, a comunidade da Universidade Internacional de Kampala (KIU) e outros investigadores interessados nesta área de estudo podem utilizá-la para obter informações e conhecimentos práticos.

CAPÍTULO DOIS: REVISÃO DA LITERATURA

2.1. Introdução

Este estudo sobre a gestão sustentável dos resíduos de plástico em Kigali foi o primeiro a ser efectuado na cidade de Kigali, mas foram realizados muitos estudos na área da gestão dos resíduos de plástico em diferentes locais. Por conseguinte, é fundamental analisar alguns estudos e descobrir as melhores práticas, os desafios e as estratégias propostas que podem inspirar o investigador a formular uma estratégia adequada que ajude a conseguir uma gestão sustentável dos resíduos de plástico na cidade de Kigali.

Foi obtida e recolhida muita informação de investigação relacionada, revistas, relatórios técnicos sobre trabalhos de investigação internacionais sobre reciclagem de resíduos de plástico, comunicados de imprensa sobre reciclagem e resultados de centros de investigação e projectos-piloto e a maioria dos documentos foi obtida através de pesquisa na Internet e em diferentes bibliotecas, incluindo a Biblioteca Nacional do Ruanda, a biblioteca da KIU e a Biblioteca da Universidade Nacional. Este capítulo aborda os antecedentes históricos dos plásticos, os tipos de plásticos, o impacto negativo dos resíduos de plástico na saúde humana e no ambiente. O capítulo também avaliou diferentes estudos e resumiu algumas das experiências de outros países relacionadas com o estudo de caso.

2.2. A história dos plásticos

De um ponto de vista histórico, o desenvolvimento dos plásticos pode ser considerado como uma das realizações técnicas mais importantes do século XX. Em apenas 50 anos, os plásticos permearam praticamente todos os aspectos da vida quotidiana, abrindo caminho para novas invenções e substituindo materiais em produtos existentes. "O sucesso destes materiais baseou-se nas suas propriedades de resiliência, resistência à humidade, produtos químicos e biodegradação, na sua estabilidade e no facto de poderem ser moldados em qualquer forma desejada" (Lardinois & Klundert, 1995). A descoberta original do primeiro material plástico semi-sintético, o nitrato de celulose, ocorreu no final da década de 1850 e envolveu a modificação de fibras de celulose com ácido nítrico. O nitrato de celulose teve muitas falhas após a sua invenção por um britânico, Alexander Parkes, que o apresentou como o primeiro plástico do mundo em 1862 (Lardinois & Klundert, 1995).

Os primeiros plásticos do mundo foram produzidos no início do século XX e baseavam-se principalmente em matérias-primas naturais. Só em 1930 foram introduzidos no mercado os termoplásticos, fabricados a partir dos materiais de base estireno, cloro vinílico e etileno. O principal crescimento da indústria dos plásticos não ocorreu antes da década de 1960, atingindo um pico em 1973, quando a produção atingiu mais de 40 milhões de toneladas por ano (Saechtling, 1987).

Após uma queda temporária na produção durante as crises petrolíferas e a recessão económica no início da década de 1980, a produção mundial de plásticos continuou a aumentar para cerca de 77 milhões de toneladas em 1986 (Saechtling, 1987) e 86 milhões de toneladas em 1990 (Schouten, 1991). De acordo com o Programa das Nações Unidas para o Ambiente (PNUA), a produção de resíduos de plástico foi estimada em 265 milhões de toneladas (PNUA, 2010).

2.3. Quadro jurídico e institucional nacional para os resíduos de plástico

A abordagem da gestão sustentável dos resíduos de plástico requer uma política, regulamentação e quadro institucional eficazes, subjacentes aos princípios que regem a saúde pública, a qualidade e a sustentabilidade do ambiente, a eficiência e a produtividade da economia urbana e a criação de emprego e de rendimentos para as pessoas (Koanda, 2006). Tecnicamente, a gestão sustentável dos resíduos plásticos baseia-se na utilização dos seguintes instrumentos principais: Melhoria da Política, Regulamentação e Quadro Institucional. A questão é como aplicar este instrumento de forma adequada e eficaz num contexto específico.

2.3.1. Políticas, planos e estratégias relacionados com os resíduos de plástico

Visão 2020 do Ruanda

A Visão visa transformar fundamentalmente o Ruanda num país de rendimento médio até ao ano 2020. As aspirações da Visão 2020 serão concretizadas em torno de seis "pilares", nomeadamente a boa governação e um Estado capaz; o desenvolvimento dos recursos humanos e a economia baseada no conhecimento; a economia liderada pelo sector privado; o desenvolvimento das infra-estruturas; a agricultura produtiva e orientada para o mercado; e a integração económica regional e internacional. No entanto, estes seis pilares da visão 2020 serão interligados com as três questões transversais seguintes: Igualdade de género, proteção do ambiente e gestão sustentável dos recursos naturais e ciência e tecnologia, incluindo as tecnologias da informação e da comunicação (TIC).

A visão 2020 está, portanto, a enfrentar este desafio através da implementação dos seus seis pilares, especialmente no que diz respeito ao desenvolvimento de infra-estruturas, onde estão previstas infra-estruturas de gestão de resíduos como aterros sanitários, instalações de reciclagem, bem como um sistema centralizado de tratamento de esgotos (MINECOFIN, 2000).

Política ambiental no Ruanda

A Política Nacional do Ambiente, estabelecida em 2003, define objectivos globais e específicos, bem como princípios fundamentais para uma melhor gestão do ambiente, tanto a nível central como local, em conformidade com a atual política de descentralização e boa governação do país.

O objetivo global da Política Ambiental é a melhoria do bem-estar da população, a utilização judiciosa dos recursos naturais e a proteção e gestão racional dos ecossistemas para um desenvolvimento sustentável e justo (MINITERE, 2003). A Política procura alcançar este objetivo através da melhoria da saúde e da qualidade de vida de todos os cidadãos e da promoção do desenvolvimento socioeconómico sustentável. Isto é conseguido através de uma gestão e utilização racionais dos recursos e do ambiente, integrando os aspectos ambientais em todas as políticas de desenvolvimento, planeamento e em todas as actividades levadas a cabo a nível nacional, provincial e local.

Exige a plena participação da população, a conservação, a preservação e a recuperação dos ecossistemas e a manutenção das funções ecológicas e dos sistemas, que são os suportes da vida, nomeadamente a conservação da diversidade biológica nacional, a utilização óptima dos recursos para atingir um nível sustentável de consumo de recursos e a sensibilização do público.

Política e estratégia nacional para os serviços de abastecimento de água e saneamento

Para efeitos desta política, o saneamento como parte dos serviços de gestão de resíduos é entendido como a recolha, transporte, tratamento e eliminação ou reciclagem e reutilização de excrementos humanos e resíduos domésticos e industriais, tanto líquidos como sólidos, bem como de águas pluviais. O Ministério da Saúde continuará a ser o principal ator na promoção do saneamento individual a nível comunitário. Para resolver alguns dos problemas mencionados em matéria de resíduos sólidos, foi discutida alguma elucidação na política de água e saneamento (2010) e a prioridade principal foi definida como: minimizar a produção de resíduos, desenvolver uma abordagem integrada para a gestão de resíduos sólidos no Ruanda, recuperar o valor dos resíduos e promover sistemas seguros de recolha e reutilização/reciclagem e garantir a eliminação segura dos resíduos residuais e melhorar as lixeiras existentes.

2.3.2. Quadro jurídico e regulamentar

Lei orgânica sobre a gestão e conservação do ambiente

O quadro legislativo para a gestão ambiental é estabelecido pelo Governo ruandês através da lei n.º 4/2005 de 8 de abril de 2005. No âmbito desta lei orgânica, a conservação e a utilização racional do ambiente e dos recursos naturais dependem dos seguintes princípios: *o princípio da proteção, o princípio da sustentabilidade e da equidade intergeracional, o princípio do poluidor-pagador, a partilha de informações e a cooperação (Rema, 2005).*

O artigo 32.º estipula que ninguém pode depositar resíduos num local inadequado, exceto se forem destruídos numa estação de tratamento ou numa estação de tratamento e depois de terem sido aprovados pelas autoridades competentes, enquanto o artigo 33.º afirma que todos os resíduos, especialmente os provenientes de hospitais, dispensários e clínicas, indústrias e quaisquer outros resíduos perigosos, devem ser recolhidos, tratados e transformados de forma a não degradar o ambiente, a fim de prevenir, eliminar ou reduzir os seus efeitos adversos na saúde humana, nos recursos naturais, na flora e na fauna e na natureza do ambiente.

Lei que proíbe os sacos de polietileno em Rwa nda

A Lei n.º 57/2008 de 10/09/2008, relativa à proibição do fabrico, importação, utilização e venda de sacos de polietileno no Ruanda, é a única lei específica que trata dos resíduos de plástico no Ruanda. *O artigo 3.º* estipula que o fabrico, a utilização, a importação e a venda de sacos de polietileno são proibidos no Ruanda. Qualquer pessoa que pretenda fabricar, utilizar, importar e vender sacos de polietileno deve solicitar uma autorização escrita à Autoridade de Gestão do Ambiente do Ruanda.

2.3.3. Instituições responsáveis pela gestão de resíduos no Ruanda

Ministério dos Recursos Naturais (MINIRENA)

O Ministério dos Recursos Naturais é a instituição responsável pelas políticas, leis e planeamento estratégico no que diz respeito à gestão do ambiente e dos recursos naturais. A visão e a missão do MINIRENA é preparar e assegurar o acompanhamento e a avaliação de políticas, estratégias, bem como a proteção do ambiente. O Ministério é também responsável pela preparação de projectos de lei e pelo estabelecimento de normas e práticas para a exploração racional e a gestão eficiente da terra, do ambiente e dos recursos hídricos. Por último, o Ministério avalia a sua aplicação e coordena as actividades das partes interessadas e mobiliza os recursos necessários para a gestão e o ordenamento do território, os recursos hídricos e a proteção do ambiente.

Ministério das Infra-estruturas (MININFRA)

A missão do Ministério das Infra-estruturas é assegurar o desenvolvimento sustentável das infra-estruturas e contribuir para o crescimento económico com vista a melhorar a qualidade de vida da população. O Ministério das Infra-estruturas, MININFRA, tem várias funções essenciais, mas algumas reflectem a gestão de resíduos e o saneamento em geral, nomeadamente desenvolver quadros institucionais e legais, políticas nacionais, estratégias e planos diretores relacionados com os subsectores dos transportes, energia, habitat e urbanismo, meteorologia e água e saneamento e supervisionar a implementação de padrões de qualidade, normas, relação custo-eficácia e resposta à sustentabilidade ambiental.

Autoridade de Gestão Ambiental do Ruanda (REMA)

A REMA foi criada em 2006 pela Lei n.º 16/2006, de 3 de abril de 2006, que determina a organização, o funcionamento e os objectivos da REMA. e Responsabilidades do Ambiente do Ruanda Autoridade de Gestão. A REMA é a Autoridade no Ruanda responsável pela supervisão, acompanhamento e garantia de que as questões relacionadas com o ambiente recebem atenção em todos os planos de desenvolvimento nacional. Por conseguinte, a principal missão da REMA é promover e assegurar a proteção do ambiente e a utilização sustentável dos recursos naturais através de estruturas descentralizadas de governação.

Agência Reguladora dos Serviços Públicos do Ruanda (RURA)

A Agência Reguladora dos Serviços Públicos do Ruanda foi criada pela Lei n.º 39/2001, de 13 de setembro de 2001, com a missão de regular determinados serviços públicos, nomeadamente Telecomunicações, Eletricidade, Água, Saneamento, Gás e Transportes. O objetivo do sector da água e do saneamento é regulamentar de forma a promover a concorrência leal, a utilização sustentável e eficiente dos recursos hídricos; garantir uma melhor qualidade dos serviços prestados aos clientes a preços justos; garantir uma proteção eficaz do ambiente através da aplicação da regulamentação relativa à eliminação de resíduos e ao tratamento de subprodutos.

Entidades descentralizadas

As entidades descentralizadas referem-se à cidade de Kigali e a três distritos, nomeadamente Kicukiro, Nyarugenge e Gasabo. Em todas as áreas, as administrações distritais e a Câmara Municipal de Kigali assumem, como já foi referido, um papel de liderança na execução e supervisão das actividades no seu território e devem desenvolver as capacidades de gestão adequadas. As entidades descentralizadas são igualmente responsáveis pela recolha e pelo acondicionamento dos resíduos domésticos. Esta tarefa é efectuada em colaboração com instituições, distritos, cidades e municípios ou associações e pessoas competentes autorizadas. A Câmara Municipal de Kigali e os distritos dispõem de um departamento ambiental composto por um responsável pelo ambiente, um responsável pela higiene e saneamento e um responsável pela gestão dos resíduos.

Setor privado e organizações de base comunitária

O sector privado e as OBC são considerados as principais partes interessadas em todos os planos e programas destinados à gestão de resíduos e ao saneamento em geral. O desenvolvimento liderado pelo sector privado como terceiro pilar da Visão 2020 revela que, para o desenvolvimento do Ruanda, é absolutamente fundamental a emergência de um sector privado viável que possa assumir o papel de principal motor de crescimento da economia.

Em Kigali, um bom número de empresas privadas está envolvido na gestão dos resíduos de plástico, incluindo produtores de plástico e empresas de recolha e reciclagem de plástico. Entre outras empresas e Organizações de Base Comunitária (OBC) contam-se: ECO PLASTIC envolvida na reciclagem de plásticos, SOIMEX PLASTIC Ltd (reciclagem de plásticos), COPED (recolha de resíduos sólidos e reciclagem de sacos de plástico). Outras pequenas empresas envolvidas em resíduos de plástico, recolha, reciclagem e embalagens alternativas incluem: EPEDR (recolha de resíduos), COOCEN (recolha de resíduos), AGRUNI (recolha de resíduos), AMIZERO ASSOCIATION (recolha de resíduos), ELECTROMAX INDUSTRIES (reciclagem de plásticos) e STRIVE FOUNDATION.

2.4. Efeitos adversos dos resíduos de plástico na saúde e no ambiente

2.4.1. Efeitos na saúde

Ao longo do seu tempo de vida, os diferentes polímeros que constituem os produtos de plástico perdem algumas das suas propriedades físicas em resultado da exposição a temperaturas elevadas provenientes do sol ou de outras fontes. Consequentemente, os produtos fabricados a partir de plásticos reciclados não têm a mesma qualidade que os seus precursores. A utilização destes materiais como artigos de embalagem na indústria alimentar pode aumentar o risco de reacções químicas com os produtos embalados, levando a um maior risco de contaminação para os consumidores (Tractebel, 2001).

Quadro 1: Resumo dos possíveis efeitos adversos dos plásticos na saúde

Tipo de plástico/aditivo	**Efeitos adversos conhecidos para a saúde**
Polímero de polivinilo	Cancro, malformações congénitas, bronquite crónica, úlceras, doenças de pele, problemas de visão, indigestão, disfunção hepática
Plastificantes como o fosfato de dietilexilo	Desregulação endócrina, defeitos congénitos, endometriose infértil
Poliestireno	Doenças dos olhos, nariz e garganta, irritação, tonturas, inconsciência, úlceras linfáticas
Espuma de poliuretano	Bronquite, tosse, problemas de pele e de olhos
Poli metacilato de metilo	Problemas respiratórios vómitos, diarreia, náuseas, dores de cabeça, fadiga
Politetrafluoretileno	Irritação ocular, problemas respiratórios

Fonte: Tumusiime, 2010, Wealth from plastic waste, Kampala Uganda

Além disso, uma vez queimado, o fumo dos resíduos de plástico tem efeitos muito mais adversos para a saúde. As doenças causadas pela queima aberta ou descontrolada de resíduos de plástico incluem: riscos de cancro, irritação do trato respiratório, agravamento da asma, contribuição para doenças respiratórias crónicas, falta de ar, dores de garganta, dificuldades respiratórias, tonturas, dores de cabeça, reflexos lentos, afetação da função mental, da acuidade visual e do estado de alerta, perturbações nervosas, defeitos de crescimento, problemas intestinais e entorpecimento dos sentidos do corpo, entre outros.

Quadro 2: Efeitos para a saúde da combustão de plásticos

Tipo de poluente/aditivo	**Efeitos adversos conhecidos para a saúde**
Partículas em suspensão	Irritação das vias respiratórias, agravamento da asma, contribui para doenças pulmonares obstrutivas crónicas
Óxidos de enxofre	Aumento das doenças cardíacas/pulmonares, doenças respiratórias agudas/crónicas, pessoas saudáveis sentem falta de ar, dores de garganta, dificuldades respiratórias.
Monóxido de carbono	Provoca tonturas, dores de cabeça e abrandamento dos reflexos, afecta a função mental, a acuidade visual e o estado de alerta
Compostos orgânicos voláteis (COV)	Diretamente tóxico, incluindo problemas que vão desde riscos de cancro a perturbações nervosas, provoca irritação/doença respiratória e doença pulmonar crónica
Óxidos de azoto	Provoca doença respiratória, acumulação de líquido nos pulmões e alterações fibróticas
Hidrocarbonetos polinucleares	Pode causar cancro
Aldeídos	Causa irritação dos olhos e das vias respiratórias, as dores de cabeça são cancerígenas para os animais
Dioxinas e furanos	Pode causar cancro e defeitos de crescimento do ADN, afecta os sistemas imunitário e reprodutivo.
Metais pesados (como o mercúrio)	Altamente tóxicos, os metais pesados acumulam-se no sistema humano até ser atingida uma dose letal, causando problemas respiratórios e intestinais
Ácido clorídrico	Irritação das vias respiratórias, provoca doenças respiratórias e entorpece os sentidos do corpo
Sulfureto de hidrogénio (HS)	Tóxico, causa doenças respiratórias, as pessoas saudáveis sentem falta de ar, dores de garganta, dificuldades respiratórias e olhos irritados.

***Fonte: Tumusiime, 2010,* Wealth from plastic waste, Kampala Uganda**

2.4.2. Efeitos no ambiente

Estima-se que 60% de todos os RSU são entregues no Aterro Sanitário de Nduba. Os outros 40% são provavelmente deixados a acumular-se nas ruas, para depois serem arrastados para os rios e ribeiros pelas chuvas fortes (MININFRA, 2010).

Placa 1: Alguns efeitos dos resíduos de plástico no ambiente

Degradação dos solos

O despejo de resíduos de plástico nos solos traz benefícios a curto prazo, como a limpeza, especialmente a nível doméstico, mas também leva à poluição do solo a longo prazo, uma vez que este perde o seu teor de matéria orgânica e a sua permeabilidade, o que conduz a um risco acrescido de erosão. Os resíduos de plástico são impermeáveis, o que impede que a água da chuva chegue às reservas de água subterrâneas, tornando-as mais pobres e aumentando o volume de escoamento superficial e os efeitos negativos associados.

Poluição visual

A elevada resistência da matéria plástica aos agentes bioquímicos naturais torna os resíduos de plástico muito resistentes à biodegradação em ambientes naturais. Consequentemente, os resíduos de plástico permanecem muito mais tempo no ambiente sem qualquer modificação física, o que os torna a poluição mais visual em todo o lado.

Poluição da água

A quantidade crescente de resíduos plásticos a nível mundial torna-os num dos agentes mais poluentes dos recursos hídricos. Segundo o PNUA/GESAMP (1990), os plásticos são os poluentes mais frequentemente encontrados na água devido à sua capacidade de serem transportados pela água. Mais de 70% dos detritos encontrados no Oceano Pacífico e mais de 80% dos detritos encontrados no Oceano Mediterrâneo eram feitos de plástico. Um estudo realizado durante dois anos em França (1992-1994) sobre os fundos oceânicos e as zonas costeiras revelou que 122 toneladas de resíduos de plástico, de um total de 177 toneladas, são resíduos não orgânicos, o que representa cerca de 93% do total.

Os efeitos exactos dos resíduos de plástico na vida aquática ainda não são bem conhecidos, no entanto, já foi estabelecido que algumas das espécies aquáticas podem engolir resíduos de plástico confundindo-os com as suas funções normais, o que pode levar a uma morte súbita.

Poluição atmosférica

O tratamento dos resíduos de plástico por incineração produz muitas emissões para a atmosfera e conduz à poluição do ar ambiente. Estas emissões são compostas principalmente por partículas e algumas emissões gasosas. As mais perigosas são o monóxido de carbono e o cloreto de hidrogénio. Em pequenas doses, estes poluentes parecem inactivos, mas se ficarmos expostos a eles durante um período de tempo relativamente longo, podem surgir problemas respiratórios graves, incluindo bronquite crónica, problemas respiratórios, irritação ocular, tosse e disfunção hepática.

Tendo em conta o processo de reciclagem de plásticos, o problema ambiental mais importante causado pelas substâncias poluentes (acima referidas) é a poluição atmosférica, quer nas unidades de reprocessamento quer ao ar livre. Durante o processo de extrusão, podem ser libertadas várias substâncias, como os aditivos. Uma vez que o PE e o PP não contêm grandes quantidades de aditivos, os problemas potenciais com o PE e o PP são muito menores do que com o PVC.

Apesar da lei ambiental que proíbe a queima de resíduos de plástico, há alguns residentes de Kigali que continuam a queimar resíduos de plástico em diferentes zonas de Kigali. No entanto, a menos que a combustão seja completa, a queima de plásticos liberta quantidades consideráveis de substâncias poluentes. A combustão incompleta de PE, PP, PS e PVC pode causar mais problemas, uma vez que podem ser produzidos CO_2 e fumo. Como resultado da combustão incompleta do PVC, podem também formar-se dioxinas e outras substâncias perigosas. A queima de plásticos liberta CO_2, que é um dos principais contribuintes para o problema do aquecimento global.

2.5. Experiências de outros países

2.5.1. Gestão dos resíduos de plástico na Índia

A indústria indiana do plástico está a crescer a uma taxa de cerca de 17%, que é superior à taxa registada noutros países. Para uma população de cerca de mil milhões de habitantes, o consumo total de plásticos é de cerca de quatro milhões de toneladas por ano (Narayan, 2001). As estimativas actuais apontam para um consumo per capita de plásticos na Índia de 4 kg/ano, enquanto a China, por exemplo, tem 18 kg/ano (Indian Centre for Plastics in the Environment, 2005). O valor para os países desenvolvidos é de 80-100 kg/ano (Ren, 2003). Além disso, a Índia tem uma taxa de reciclagem de plásticos relativamente elevada, de 60%, em comparação com a média mundial de 20% (ICPE, 2005).

As causas profundas da deposição de sacos de plástico no lixo e dos problemas ambientais daí resultantes na Índia são as seguintes (Narayan, 2001) (a) a cultura do descartável associada à grande quantidade de sacos devido ao seu baixo custo; (b) a recolha e eliminação ineficazes dos RSU; (c) a negligência em relação aos sacos de plástico por parte dos apanhadores de trapos, que consideram a recolha destes artigos trabalhosa e não rentável; e (d) o fraco desempenho do sector da reciclagem de plásticos, caracterizado por maquinaria obsoleta, mão de obra não qualificada, etc.

(Narayan, 2001) explica ainda que esta deposição generalizada de sacos de plástico no lixo deu origem a alguns problemas ambientais e sociais na Índia. Estes problemas incluem:

a) **Solos sufocados**: Uma quantidade considerável de sacos de plástico presentes no solo em algumas partes da Índia está a impedir o livre fluxo de água, ar e nutrientes, limitando assim o crescimento das plantas.

b) **Esgotos entupidos**: A Índia é caracterizada por fortes monções que, na ausência de drenagem adequada, podem resultar em inundações fatais. Foram identificados sacos de plástico com esgotos entupidos.

c) **Mortes de animais**: Os incidentes mais frequentemente registados são a ingestão de sacos de plástico por vacas. Nas zonas costeiras da Índia, foi também registada a morte de animais aquáticos, como tartarugas.

d) **Risco de envenenamento**: Este é particularmente o caso dos sacos reciclados de qualidade inferior que utilizam chumbo e cádmio como corantes.

Legislação em vigor

A única regra que trata dos sacos de plástico para compras na Índia é a *Recycled Plastic Manufacture and Usage Rule* de 1999. Emitida pelo Ministério do Ambiente e das Florestas (MoEF), tem as seguintes caraterísticas (MoEF, 1999): (a) proíbe a utilização de sacos e recipientes de plástico reciclado para armazenar, transportar e embalar géneros alimentícios; (b) exige que esses sacos sejam de cor natural ou branca; (c) exige que os sacos e recipientes de plástico reciclado utilizados para outros fins que não o armazenamento e a embalagem de géneros alimentícios sejam fabricados com pigmentos de acordo com as especificações do Bureau of Indian Standard (BIS); (d) Exige que a reciclagem dos plásticos seja efectuada de acordo com as especificações do BIS; e) Exige que os fabricantes de sacos de plástico reciclado os marquem de acordo com as especificações do BIS e que sejam marcados como reciclados com a indicação da percentagem de material reciclado; e f) Especifica que a espessura mínima dos sacos de plástico virgem ou reciclado não deve ser inferior a 20μm.

Os sacos responsáveis pela maior parte do lixo na Índia têm espessuras de 5-10μm (Narayan, 2001, p.39). Por conseguinte, a lógica subjacente à regra é a circulação de sacos mais grossos, criando assim incentivos à recolha pelos recolhedores (*Ibid.*). Esta regra foi revista em 2003 com o objetivo de introduzir disposições modificadas, das quais as mais importantes são (MoEF, 2003): (a) alteração do título, ou seja, as *Regras de Fabrico, Venda e Utilização de Plástico, 1999*; (b) uma isenção dos sacos fabricados exclusivamente para fins de exportação; (c) um requisito adicional que proíbe o fabrico, o armazenamento, a distribuição ou a venda de sacos de transporte com menos de 20 cm x 30 cm; (d) um requisito de peso mínimo, ou seja, 50 sacos de transporte feitos de plástico virgem ou reciclado devem pesar pelo menos 105g; e (e) a necessidade de registo das instalações de fabrico junto do Conselho Estatal de Controlo da Poluição antes do início da produção. Uma vez que, na Índia, as províncias têm poderes para tomar medidas de forma independente, alguns Estados tentaram resolver o problema dos resíduos de plástico adoptando a regra nacional ou formulando as suas próprias iniciativas (Narayan, 2001).

2.5.2. A experiência sul-africana

De acordo com um estudo realizado pela Bentley West Management Consultants, são consumidos anualmente cerca de 8 mil milhões de sacos de plástico na África do Sul. Destes, os grandes retalhistas representam 2,6 mil milhões e os pequenos retalhistas ficam com o saldo de 5,4 mil milhões. Para os cerca de 44 milhões de habitantes da África do Sul, o consumo per capita de sacos de plástico pode ser calculado em 182, o que é superior ao da Índia.

O problema do lixo em sacos de plástico na África do Sul é tão grave que os sacos passaram a ser conhecidos como as novas flores nacionais do país, competindo com a verdadeira flor nacional, a *protea* (SADEA, 2000). Um relatório do International Coastal Clean-up (ICC) para a África do Sul indicou que, no país, os três principais objectos de lixo marinho são as pontas de cigarro, as tampas e os sacos de plástico, que representam cerca de 17%, 15% e 13%, por esta ordem, dos detritos recolhidos (ICC, 2003).

Legislação em vigor

O Regulamento sobre Sacos de Plástico da África do Sul foi publicado em 2002. Entrou em vigor um ano mais tarde, em 2003, após a promulgação das especificações obrigatórias que a acompanham (PFSA, 2003). As suas principais disposições são as seguintes (Universidade da Cidade do Cabo, 2002): (a) proibiu o fabrico, o comércio e a distribuição comercial de sacos de plástico feitos de película de plástico para utilização na África do Sul e com uma espessura de parede inferior a 80µm; (b) é permitido o fabrico, o comércio e a distribuição comercial de sacos de plástico com uma espessura de 30-80µm para utilização na África do Sul, desde que não tenham impressão, pintura ou marcas de qualquer tipo, exceto se exigido por lei; (c) o fabrico, o comércio e a distribuição comercial de sacos de pão feitos de película plástica de 25-80µm de espessura são permitidos para utilização no país, desde que não tenham impressões, pinturas ou marcas de qualquer tipo, a menos que exigido por lei; (d) a proibição prevê uma isenção para os sacos de pão encolhidos e frágeis feitos de película plástica; e (e) prevê um instrumento jurídico para a aplicação de sanções em caso de infração, i. e., qualquer infrator é responsabilizado por um crime, i. e., qualquer infração é considerada crime.e. qualquer infrator é passível de (1) uma multa de 100 000 rands sul-africanos (R), ou (2) prisão por um período até dez anos, (3) ou ambas; e (4) uma multa não superior a três vezes o valor comercial do produto a que a infração está associada.

Juntamente com a Federação de Plásticos da África do Sul e a Associação das Indústrias Químicas e Aliadas, os sindicatos alegaram que o regulamento não conseguiu encontrar um equilíbrio entre a necessidade de um ambiente limpo e a necessidade de um emprego. Previam também a perda de cerca de 7.000 postos de trabalho na indústria de fabrico de sacos e perdas adicionais na cadeia de valor de mais de 71.000 postos de trabalho (*Ibid.*). Isto resultou na primeira audição pública sobre o caso, que reuniu funcionários do governo, empresas e sindicatos no Conselho Nacional de Desenvolvimento Económico e do Trabalho (NEDLAC) e acordou a realização de um estudo conjunto para determinar o potencial impacto socioeconómico.

O estudo avaliou o impacto socioeconómico da mudança para sacos de transporte mais espessos (COSATU, 2002), que são resumidos abaixo (BWMC, n.d.). Em primeiro lugar, a introdução prevista do regulamento, primeiro para uma espessura mínima de 30µm e depois de 80µm após seis meses, não foi considerada viável, dado que um saco de 80µm requer uma tecnologia de fabrico totalmente diferente. Além disso, os sacos mais espessos também são produzidos principalmente a partir de polietileno de baixa densidade (LDPE), enquanto os sacos mais finos utilizam polietileno de alta densidade (HDPE), exigindo assim um elevado investimento de capital para efetuar as alterações necessárias. Em segundo lugar, com um requisito de 80µm, previa-se que a indústria de VCB poderia encerrar.

Em terceiro lugar, embora um aumento da espessura do material plástico pudesse estimular a reciclagem, foram percebidos limites devido a obstáculos económicos à reciclagem, estimados num máximo de cerca de 10-15% da produção. As melhorias acima deste valor exigem a criação de uma procura adicional. Em quarto lugar, para além das consequências indesejáveis para os fabricantes locais de matérias-primas a montante, foram também comunicados impactos negativos na indústria de produção de VCB, no comércio retalhista e no emprego. Subsequentemente, foi celebrado um Memorando de Acordo (MOA) entre a DEAT, representantes dos sindicatos e a comunidade empresarial em setembro de 2002 (PFSA, 2003).

As principais caraterísticas do Memorando de Entendimento são as seguintes (a) um entendimento conjunto para adotar uma espessura que permita a manutenção de postos de trabalho e, ao mesmo tempo, tenha um impacto mínimo no ambiente; (b) transparência e divulgação dos custos dos sacos; (c) acordo sobre o tipo e a quantidade de tinta de impressão; (d) consenso sobre a necessidade de desenvolver mercados de reciclagem; (e) necessidade de uma taxa; e (f) prevenção da importação ilegal de sacos (SAGI, 2004).

2.5.3. Uma estratégia global de gestão dos resíduos de plástico em Nairobi

A estratégia global de gestão dos resíduos de plástico para a cidade de Nairobi, conduzida pelo Centro Nacional de Produção Mais Limpa do Quénia, baseia-se na abordagem dos 3R, que se centra na redução, reutilização e reciclagem dos resíduos produzidos (KNCPC, 2006). Esta estratégia procura reunir, sob a forma de parceria de trabalho, as principais partes interessadas na gestão dos resíduos de plástico, nomeadamente a Câmara Municipal de Nairobi, os ministérios governamentais relevantes, as agências reguladoras, as associações empresariais, os fabricantes de plástico, os retalhistas, as instituições de investigação, as organizações não governamentais (ONG), os grupos de jovens, os recicladores informais de resíduos, organizações de base comunitária (OBC), consumidores, doadores e meios de comunicação social) num sistema funcional de devolução de resíduos de plástico e/ou num sistema de recompra que facilitará a recolha e a devolução para reutilização, recuperação e reciclagem de todas as categorias de plásticos que entram no ambiente da cidade, no âmbito do que aqui se designa por "responsabilidade alargada das partes interessadas".

As principais componentes desta estratégia incluem a Iniciativa de Resultados Rápidos, a participação das partes interessadas, a educação e a sensibilização do público; o reforço das capacidades e o apoio tecnológico; a criação de demonstrações de reciclagem de resíduos de plástico; a divulgação de informações sobre as melhores práticas disponíveis; o diálogo e a análise de políticas; a boa governação ambiental e a criação de redes; a gestão financeira prudente; a reciclagem efectiva de resíduos de plástico; a revisão do nosso currículo educativo e a realização de I&D no domínio da reciclagem de resíduos de plástico.

A Câmara Municipal de Nairobi (CCN), com a participação ativa das associações de moradores, conduzirá esta estratégia. A estratégia procura reduzir os obstáculos ao fluxo nacional de bens e materiais recicláveis; a cooperação entre diferentes partes interessadas nos sectores público e privado e a promoção de ciência e tecnologia inovadoras para a promoção dos 3R. A funcionalidade deste regime exigirá uma sensibilização maciça, consultas sérias, incentivos e sanções atractivos, bem como uma participação e interação activas do público e da comunidade.

Foram identificados vários factores críticos que influenciam a eficácia da abordagem 3R. Estes incluem um quadro político favorável; educação e sensibilização de todas as partes interessadas; e reforço das capacidades e apoio tecnológico, incluindo recursos humanos, tecnologia, finanças e outros contributos. Um aspeto crítico que atravessa os três factores acima referidos diz respeito à aceitação e aplicação desta estratégia 3R e das políticas conexas pelas principais partes interessadas, como a Câmara Municipal de Nairobi (CCN), o Ministério da Administração Local, as associações empresariais e os residentes da cidade de Nairobi.

2.5.4. Gestão sustentável dos resíduos de plástico - um caso de Acra, no Gana

Esta investigação foi realizada por Mensah em 2007 e discute formas sustentáveis de gerir os resíduos de plástico em Acra, no Gana, a fim de minimizar os seus impactos ambientais adversos. Os resíduos de plástico, especialmente os "sacos de água de saqueta", aparecem em proporções muito elevadas no fluxo de resíduos sólidos urbanos em Acra e estão a causar problemas ambientais, como a asfixia de animais e solos; o entupimento de cursos de água e rios; a destruição de paisagens e árvores; e o esgotamento de recursos (Mensah, 2007).

Entre as várias opções consideradas, a reciclagem mecânica foi considerada adequada porque é menos dispendiosa e não exige conhecimentos ou competências especiais para a sua aplicação. Também é mais adequada para os países em desenvolvimento e Acra, no Gana, não é exceção. A reciclagem foi também preferida aos outros métodos de gestão de resíduos, uma vez que tem o potencial de conduzir à recuperação de recursos e à criação de postos de trabalho para os desempregados. Os vários processos de reciclagem mecânica, tais como as técnicas de melhoramento inicial, as técnicas de redução de tamanho e o fabrico de produtos, são todos elaborados nesta tese.

2.5.5. Gestão dos resíduos de plástico na Europa.

De acordo com o relatório elaborado pela Comissão Europeia, a produção de resíduos de plástico deverá continuar a aumentar e o desenvolvimento de novos materiais prossegue a bom ritmo. Os bioplásticos estão a crescer muito rapidamente, mas a partir de uma base muito pequena, e é necessária mais investigação sobre os impactos ambientais do ciclo de vida. A reciclagem também deverá crescer em termos absolutos e inovar tecnologicamente, mas não acompanhará as tendências actuais, pelo que são necessárias outras soluções (Comissão Europeia, 2011).

Os resíduos de plástico são transversais a um grande número de domínios políticos e a regulamentação não é, em geral, especificamente orientada para os resíduos de plástico. Este facto dificulta a evolução das políticas em função das tendências de produção, utilização e eliminação. São necessárias políticas e medidas especificamente orientadas para os resíduos de plástico, em coordenação com uma política de resíduos mais alargada.

Pode ser recomendada uma combinação de iniciativas políticas, orientadas para sectores-chave, opções e tipos de tratamento. O relatório discutiu as orientações para as embalagens sustentáveis, as orientações para a recuperação e reciclagem de plásticos agrícolas, os objectivos de faseamento dos plásticos reciclados e dos bioplásticos e a inovação na investigação sobre a redução dos resíduos de plástico.

CAPÍTULO TRÊS: METODOLOGIA DE INVESTIGAÇÃO

3.1. Introdução

A metodologia aplicada neste estudo foi escolhida com o objetivo de obter todas as informações necessárias para avaliar a situação e formular uma proposta de gestão sustentável dos resíduos de plástico na cidade de Kigali. A nível geral, toda a investigação pode ser considerada como um estudo de caso do problema da ameaça dos plásticos na cidade. A nível específico, foram consideradas para este estudo de caso duas categorias de resíduos de plástico, o polietileno e as garrafas Pet.

Foram recolhidas informações junto de instituições governamentais, operadores privados, instituições de investigação, uma empresa de reciclagem de resíduos plásticos, autoridades locais e Organizações Comunitárias (que recolhem, compostam e reciclam lixo, incluindo plásticos), em casas e locais de trabalho. O objetivo era obter informações em primeira mão sobre a recolha, reciclagem e compostagem de resíduos sólidos urbanos (RSU), incluindo plásticos, uma vez que estas actividades são de importância central para o problema.

3.2. Conceção da investigação

O método de estudo de caso foi utilizado como estratégia para organizar esta investigação. Isto deveu-se à sua utilidade em estudos de avaliação de políticas, que é a principal tarefa desta investigação. (Memelmans-Videc *et al.*, 1998), sublinham o facto de a escolha e a implementação de instrumentos políticos exigirem um estudo contextual detalhado de cada caso. Um estudo de caso é "*um inquérito empírico que investiga um fenómeno contemporâneo no seu contexto de vida real, especialmente quando os limites entre o fenómeno e o contexto não são claramente evidentes*" (Yin, 1994).

Outros tipos de estratégias de investigação, por exemplo, experiências e inquéritos, têm possibilidades limitadas de lidar com o contexto (*Ibid.*). Assim, o facto de os estudos de caso serem adequados a situações em que o contexto é importante é a principal razão pela qual foram utilizados neste estudo.

Yin (1994) divide os estudos de caso em três categorias, nomeadamente exploratórios, descritivos e explicativos, que podem ser estudos de caso único ou múltiplo. Os estudos exploratórios são frequentemente realizados como uma introdução à investigação social e têm como objetivo orientar o desenvolvimento de questões e hipóteses de investigação (Nova South Eastern University, 1997). Os estudos de caso explicativos são adequados para o estudo de relações causais. Os estudos de caso descritivos exigem que o investigador comece com uma teoria descritiva, ou arrisca-se à possibilidade de ocorrerem problemas durante o projeto (*Ibid.*). Uma vez que esta investigação se esforça por estabelecer cadeias causais na ameaça dos resíduos de plástico, juntamente com possíveis soluções, o tipo de estudo de caso pode ser classificado como explicativo.

3.3. Investigação População e amostra

Nesta investigação não foram contactadas todas as pessoas, empresas e instituições que têm um papel a desempenhar nos resíduos de plástico. Por isso, foi escolhida aleatoriamente uma amostra representativa com base nas funções específicas dos diferentes actores. Para a população da investigação, foi considerada toda a população de Kigali e todos os actores envolvidos na gestão dos resíduos de plástico . Foi selecionada uma amostra representativa de 230 pessoas em três distritos administrativos.

3.4. Dimensão da amostra e processo de amostragem

Para as partes interessadas do sector privado envolvidas na indústria de gestão dos resíduos de plástico, foi utilizado um método de amostragem aleatório simples baseado no pressuposto de que todas as partes interessadas desempenham praticamente o mesmo papel. No entanto, a amostra representava produtores, utilizadores e agentes de reciclagem e pessoas ou empresas envolvidas na recolha, transporte, reciclagem e eliminação de resíduos de plástico.

No caso dos funcionários públicos, as entrevistas foram realizadas sem qualquer processo de seleção. Seguiu-se a lista de instituições governamentais que estão envolvidas nos resíduos de plástico em termos de política, legislação e regulamentação, em termos de implementação ou em termos de ponto de vista comercial. No entanto, as pessoas entrevistadas foram selecionadas com base na relevância do tema para a descrição das suas funções. Foi também utilizada informação científica sobre a gestão dos resíduos de plástico disponível na Internet.

A fim de obter informações sobre a perceção da população relativamente a várias práticas inovadoras em matéria de gestão de resíduos de plástico em Kigali, foi realizado um inquérito em três distritos com a ajuda de questionários semi-estruturados. Como era difícil cobrir toda a cidade, foram selecionados aleatoriamente três sectores (dois sectores urbanos e um sector suburbano). Para selecionar os agregados familiares, foi utilizado o número de identificação atribuído pela cidade. Assim, a partir da casa com o número 1, seguiam-se a ^{10a}, a ^{20a}, a ^{30a}, até 60 famílias por cada sector Os questionários foram aplicados pessoalmente aos chefes de família ou adultos (=18 anos). As questões colocadas incidiam sobre as percepções dos agregados familiares acerca da gravidade dos resíduos de plástico no ambiente, as suas práticas de gestão de resíduos e as suas ligações com as actividades ambientais de várias instituições e

estruturas regulamentares para a gestão de resíduos nas cidades.

Figura 3: Sectores selecionados para as amostras

Em cada área de aldeia designada nestes sectores, os agregados familiares visitados para inquérito foram selecionados através de um procedimento *de amostragem aleatória sistemática*, segundo o qual o entrevistador partia de uma simples escolha aleatória de agregado familiar e prosseguia para o quinto agregado familiar seguinte a partir desse ponto. Se não se encontrasse ninguém na quinta casa, visitar-se-ia a casa imediatamente a seguir. Do mesmo modo, se o chefe do agregado familiar não fosse encontrado, a entrevista seria efectuada com um adulto (= 18 anos de idade) encontrado na casa. No total, foram contactadas 230 pessoas, incluindo 13 funcionários públicos, 15 operadores privados de gestão de resíduos, 10 produtores de materiais plásticos, 12 produtores de resíduos plásticos e 180 agregados familiares. A lista das instituições contactadas consta do Anexo 3.

3.5. Recolha de dados

A metodologia de recolha de dados refere-se à forma sistemática de recolher, analisar e interpretar os dados a fim de produzir um resultado relacionado com um problema de investigação. A escolha da metodologia deve, portanto, basear-se no problema e na abordagem teórica, que, por sua vez, afectam a perspetiva que o investigador tem do mundo real (Lindsay 1997). Esta secção apresenta uma breve descrição das abordagens de recolha de dados e explica a escolha da metodologia utilizada no terreno. Alguns dos problemas encontrados durante o trabalho neste relatório são mencionados mais adiante (p. 32) para uma melhor compreensão de algumas das limitações deste estudo.

3.5.1. Abordagens de recolha de dados

Nesta investigação, foram utilizadas duas abordagens principais de recolha de dados, nomeadamente qualitativa e quantitativa.

Abordagens qualitativas

Foram utilizadas abordagens qualitativas para avaliar as práticas actuais em matéria de gestão de resíduos de plástico, o quadro jurídico e institucional existente no que respeita à produção, transporte, eliminação e reciclagem de resíduos. Os métodos comuns no âmbito desta abordagem foram entrevistas, observações e análise de documentos.

Abordagem quantitativa

Utilizando um questionário e instrumentos de medição, a investigação produziu dados quantitativos relacionados com os resíduos de plástico, incluindo a quantidade de resíduos de plástico produzidos, a composição dos resíduos e a quantidade de resíduos de plástico reciclados. As respostas às entrevistas também foram traduzidas em números e percentagens, a fim de estimar a magnitude e a importância das diferentes práticas.

3.5.2. Instrumentos de investigação

Existem vários instrumentos ou ferramentas de investigação que podem ser utilizados para recolher dados. Neste caso, foram utilizados como instrumentos de investigação as entrevistas, os questionários e as observações.

Entrevista individual

A técnica da entrevista pessoal é utilizada para atingir os objectivos, uma vez que é o método de comunicação mais versátil e produtivo e permite a espontaneidade. Para efeitos desta investigação, foram realizadas entrevistas estruturadas face a face com os responsáveis e técnicos envolvidos na gestão de resíduos de plástico, na produção e utilização de plástico, em instituições governamentais, empresas privadas, autoridades municipais, etc.

Questionários

Foram utilizados questionários para recolher informações sobre a perceção da população em relação à gestão dos resíduos de plástico. No total, foram administrados 180 questionários diretamente aos chefes de família em três distritos. O tipo de questionário utilizado foi um questionário estruturado e não dissimulado, com perguntas fechadas e abertas. No questionário estruturado não disfarçado, as perguntas são enumeradas numa ordem pré-estabelecida e os inquiridos foram informados sobre o objetivo da recolha de informações. Para o tipo de perguntas, utilizámos tanto perguntas abertas como fechadas.

Observação

Nesta investigação, recorreu-se à observação ativa e passiva, e à observação aberta e oculta. As observações activas foram realizadas durante a recolha de resíduos em conjunto com os cidadãos durante o trabalho comunitário. Estes trabalhos comunitários, conhecidos como "Umuganda", são organizados em todo o país e, em Kigali City, consistem sobretudo na limpeza e embelezamento da cidade. Entre as actividades organizadas incluem-se a recolha de resíduos e a sensibilização do público para as principais políticas governamentais. Além disso, o investigador participou em exercícios-piloto de triagem de resíduos organizados em diferentes centros de recolha de resíduos pela cidade de Kigali no aterro sanitário de Nduba. Foram utilizadas observações passivas diariamente, quando o investigador passeava pela cidade e visitava diferentes empresas de reciclagem, associações que recolhem resíduos e aterros sanitários.

3.5.3. Tipos de dados recolhidos

Durante esta investigação, foram recolhidos e utilizados dados primários e secundários. Uma vez que muito pouca investigação tinha sido feita relativamente à gestão de resíduos de plástico em Kigali, muitos dos dados tiveram de ser recolhidos através de entrevistas estruturadas, entrevistas não estruturadas, inquéritos normalizados e observações.

Foram também utilizados dados secundários para obter informação de base sobre a gestão de resíduos de plástico no Ruanda e as melhores práticas em todo o mundo. A maior parte dos dados secundários foi recolhida de relatórios municipais, relatórios realizados por organizações não governamentais e de relatórios, artigos e livros publicados.

3.6. Análise e interpretação dos dados

Este estudo adoptou métodos quantitativos e qualitativos para a análise e interpretação dos dados, que se iniciaram durante a recolha de dados e se prolongaram até ao momento da redação do relatório final. A análise dos dados seguiu os seguintes passos:

i. Organizar os dados de várias entrevistas e inquéritos em tabelas, diagramas e gráficos, utilizando o software adequado SPSS, Microsoft Excel, Microsoft Access e Arc GIS para cartografia

ii. Isolamento de padrões e processos, pontos comuns e diferenças, e ligações dentro e entre categorias (ou seja, as ideias-chave expressas dentro das categorias, semelhanças e diferenças na forma como as pessoas responderam), e levá-los para o terreno na próxima vaga de recolha de dados;

iii. Interpretar os dados (utilizando ideias-chave/temas e conexões que abrangem as consistências discernidas na base de dados para explicar os resultados).

iv. Organizar e combinar temas relacionados/ideias-chave em categorias nomeadas utilizando frases descritivas próprias ou frases no texto ou em instrumentos de recolha de dados.

v. Confrontar essas generalizações com um corpo de conhecimento formalizado sob a forma de constructos ou teorias.

O quadro SWOT (Strengths, Weakness, Opportunities and Treats - pontos fortes, pontos fracos, oportunidades e ameaças) foi utilizado para avaliar as políticas, os regulamentos, a estrutura institucional e as práticas actuais existentes em matéria de gestão dos resíduos de plástico, de modo a propor um quadro adequado para os resíduos de plástico na cidade de Kigali.

3.7. Validade e fiabilidade

Um aspeto importante da investigação é garantir que os resultados sejam fiáveis e válidos. No entanto, é difícil evitar problemas de fiabilidade e validade numa situação de investigação. O princípio da relação sujeito-sujeito entre o investigador e o informador implica que o processo de investigação afecta ambas as partes (Camilla, 2005). Na presente investigação, o ambiente era familiar, uma vez que o investigador trabalhou como perito em proteção do ambiente no Ministério dos Recursos Naturais e do Ambiente e como membro do comité diretor do projeto de gestão de resíduos consolidados de Kigali durante quase três anos. Por esta razão, muitos dos actores envolvidos no plástico eram conhecidos e de confiança e estavam dispostos a falar abertamente com o investigador. Os dados recolhidos eram fiáveis, uma vez que a situação e o ambiente social eram muito diferentes dos que foram recolhidos no âmbito do estudo. Uma vez que a situação e o ambiente social não eram familiares para o investigador, foi gasto algum tempo a discutir a informação recolhida com várias pessoas do sector privado e público, a fim de verificar se a informação foi corretamente compreendida.

3.8. Considerações éticas

A investigação científica exige que os investigadores se comportem de acordo com princípios éticos. A relação entre o investigador e os informadores é muito importante na investigação qualitativa porque os informadores podem ser afectados pela investigação de várias formas. A principal e mais importante diz respeito à aprovação do informador, o que implica que o informador tem de se voluntariar para se envolver no processo de investigação e tem o direito de ser informado sobre o objetivo do estudo. Todos os informadores utilizados nesta investigação se voluntariaram para participar no processo de investigação e puderam interromper o seu envolvimento se quisessem. Felizmente, ninguém interrompeu a sua participação. No entanto, alguns informadores do sector privado optaram por manter o anonimato.

3.9. Problemas encontrados

Os principais problemas relacionados com este trabalho de campo foram o acesso a diferentes indivíduos que trabalham em instituições públicas e privadas. Foram feitas várias tentativas para marcar reuniões com alguns dos indivíduos que trabalham na indústria dos resíduos plásticos, mas muitos dos encontros foram adiados.

Também foi muito difícil encontrar dados secundários sobre a produção de plástico, a gestão de resíduos de plástico e a reciclagem, porque existem muito poucas publicações sobre a gestão de resíduos de plástico. Outro problema que se colocou durante a recolha de dados para a investigação foi o facto de vários relatórios operarem com dados diferentes. Este facto obrigou o investigador a verificar novamente todos os dados encontrados, o que consumiu bastante tempo. Embora o plano fosse recolher mais dados sobre os colectores de resíduos de plástico, a reciclagem de resíduos de plástico, a eliminação de resíduos de plástico e as fábricas de plásticos, tendo em conta os problemas acima referidos, o número de informadores envolvidos na investigação foi, de facto, relativamente limitado.

CAPÍTULO QUATRO: APRESENTAÇÃO E ANÁLISE DOS DADOS

4.1. Introdução

Este capítulo apresenta os resultados da investigação, analisa e interpreta diferentes dados relacionados com a gestão dos resíduos de plástico na cidade de Kigali. Apresenta as conclusões em termos da origem dos resíduos de plástico, das práticas técnicas actuais no que respeita ao tratamento dos resíduos de plástico e das oportunidades socioeconómicas de resíduos de plástico sustentáveis.

No total, foram enviados 180 questionários, que foram preenchidos pelos chefes de família selecionados aleatoriamente na zona urbana da cidade de Kigali e pelos responsáveis pela recolha de resíduos a nível da empresa (mercados, hotéis, estações de autocarros, hospitais). Foram efectuadas entrevistas estruturadas a 50 instituições e empresas envolvidas na produção de plástico, na gestão de resíduos de plástico e em instituições governamentais envolvidas na gestão de resíduos. As informações recolhidas incluíram a quantidade de plástico produzido na cidade de Kigali, a quantidade e as fontes de resíduos de plástico, os tipos de resíduos de plástico, as iniciativas de reciclagem, as embalagens alternativas, a recolha e o transporte de resíduos e a capacidade da empresa de reciclagem.

4.2. Origem e composição dos resíduos de plástico em Kigali

Esta secção analisa a situação dos resíduos de plástico na cidade de Kigali, desde as fontes de resíduos de plástico até às iniciativas existentes para resolver os problemas dos resíduos de plástico na cidade. Destaca os principais desafios, pontos fracos e oportunidades existentes. Embora os resíduos de plástico representem apenas 8% dos resíduos depositados na lixeira de Nduba, são a categoria mais problemática na composição dos resíduos.

4.2.1. Composição dos resíduos na cidade de Kigali.

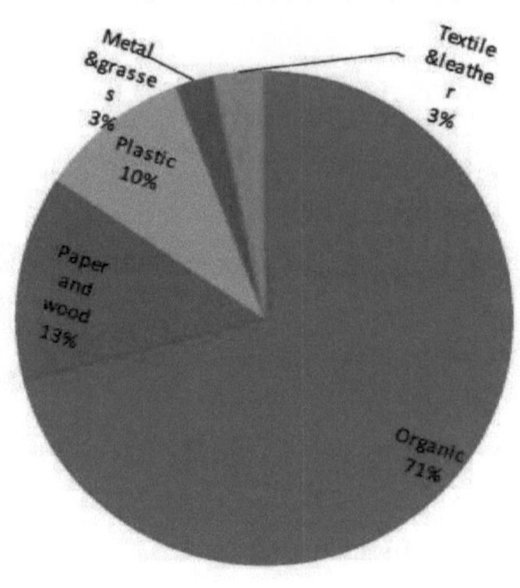

Figura 4: Composição dos resíduos na cidade de Kigali

Como se pode ver na Figura 5, os resíduos orgânicos ocupam uma grande parte dos resíduos, 71%, seguidos do papel e da madeira, enquanto os resíduos de plástico ocupam o terceiro lugar, com 10%.

Placa 2: Imagens ilustrativas da composição dos resíduos na cidade de Kigali

4.2.2. Fontes actuais de resíduos de plástico na cidade de Kigali

O relatório de 2003 do Ministério do Ambiente e do Território revelou que os resíduos de plástico ascendiam a 2920 toneladas/ano, das quais 210 (7%) eram polietileno transformado em sacos de plástico em 2001. Partindo do princípio de que os resíduos plásticos diários constituem 3% do total de resíduos sólidos urbanos, como recomendado pelo Banco Mundial, e utilizando a quantidade estimada de resíduos sólidos urbanos de 500 toneladas por dia em 2010, a quantidade atual de resíduos plásticos na cidade de Kigali pode ser estimada em 5475 toneladas por ano, o que revela um aumento de 56% em nove anos. Isto confirma o facto de que, apesar de os sacos de plástico que eram habitualmente utilizados para fazer compras terem sido proibidos, é evidente que os resíduos de plástico continuaram a aumentar. O polietileno e as garrafas PET são os resíduos de

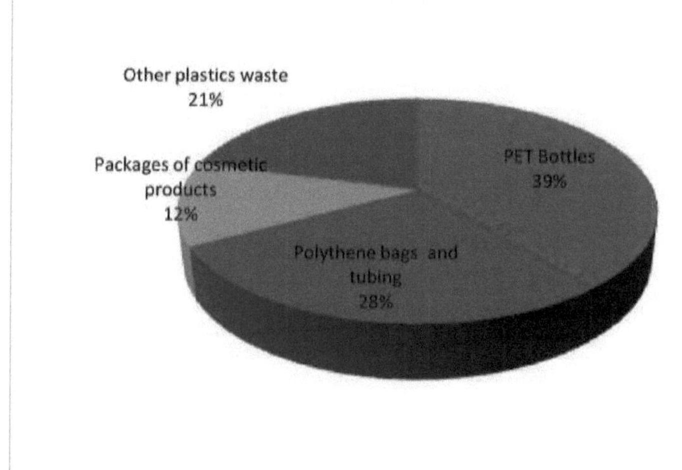

plástico mais visíveis, seguidos das embalagens de produtos cosméticos.

Figura 5: Composição dos resíduos de plástico na cidade de Kigali

4.2.2.1. Produtos de polietileno em Kigali

Tal como acontece com outros produtos, é crucial e relevante conhecer a quantidade e a origem dos produtos de plástico quando se pensa em gerir eficazmente os resíduos associados. Apesar de os sacos de polietileno com um diâmetro inferior a 10 µm terem sido proibidos, continuam a ser utilizados outros produtos de polietileno. A maioria desses produtos é fabricada a nível local e constitui a principal fonte de resíduos de polietileno. A Fig. 6 dá uma estimativa da quantidade de polietileno produzida anualmente na cidade de Kigali. Estes produtos são utilizados como sacos de lixo, tubos e/ou folhas. É a partir destes produtos que são produzidos os resíduos de polietileno.

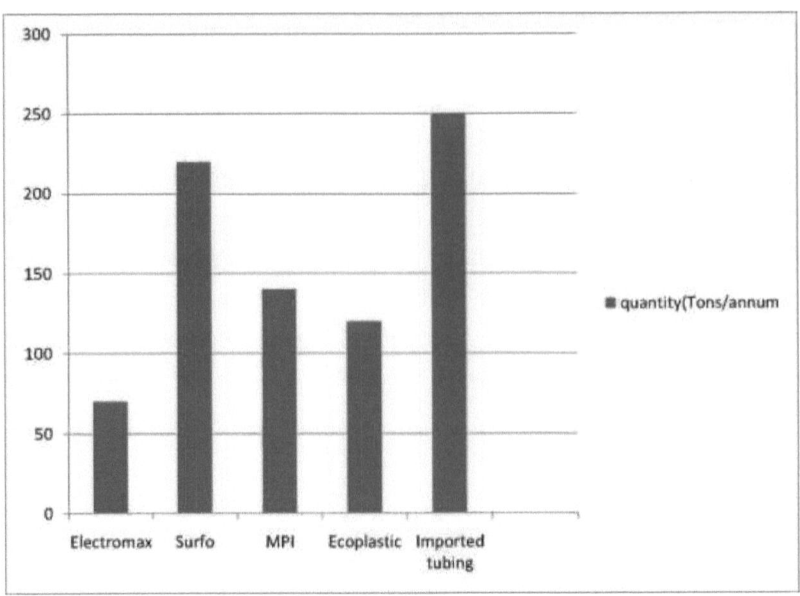

Figura 6: Estimativa da produção de sacos/folhas de polietileno na cidade de Kigali em 2012

Apenas a SULFO revelou que importa um terço dos seus produtos de polietileno. Outras empresas afirmaram que os seus produtos eram fabricados localmente. Outra fonte de resíduos de polietileno são as embalagens de produtos importados vendidos nos supermercados de Kigali e as utilizadas para embalar produtos médicos, como redes mosquiteiras e outros. Embora não tenha sido possível quantificar estes resíduos, dada a diversificação das suas fontes, foi estabelecido que podem facilmente constituir um terço do total de resíduos de plástico fabricados com polietileno, especialmente num país como o Ruanda, onde o saco de polietileno mais comum para as compras é proibido (Achankeng, 2003).

4.2.2.2. Produtores locais de bebidas engarrafadas em PET

Empresas como a Inyange, a Sulfo, a Electromax, a Urwibutso Enterprises, a Sonafruits, a Akira e a Afrifoam/Gasabo Mineral water são os principais produtores de bebidas engarrafadas em PET no país. A cidade de Kigali é muito importante para eles, uma vez que a maior parte da sua produção é consumida pela população da capital.

Todos os dias, são colocadas no mercado de Kigali uma média de 90 000 garrafas PET de 500 ml produzidas localmente. A maior parte destas garrafas PET (cerca de 80%) contém água mineral embalada pelas empresas acima referidas. A outra parte contém sobretudo sumos. Com um peso total de 24 gramas por cada garrafa PET vazia de 500 ml, pode estimar-se que 2 toneladas de garrafas PET usadas acabam no ambiente.

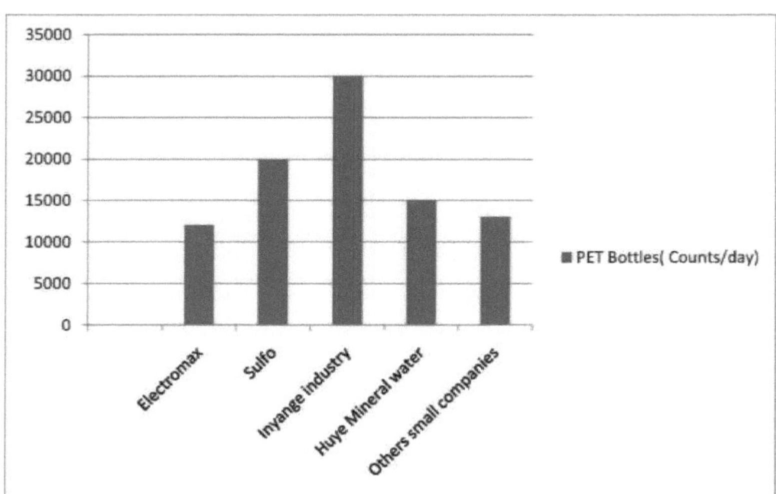

Figura 7: Estimativa das garrafas PET produzidas na cidade de Kigali em 2012

4.2.2.3. Produtos importados de garrafas PET

Para além das bebidas em garrafas PET produzidas localmente, existe uma quantidade considerável de garrafas PET usadas provenientes de produtos importados. Estes incluem: óleo de cozinha, vinagre, sumos e bebidas espirituosas como o Uganda Waragi. Embora não se conheça a sua quantidade exacta, sabe-se que a maior parte delas acaba em aterros sanitários, o que não é bom para o ambiente.

4.3. Gestão de resíduos de plástico em Kigali

Tal como mencionado anteriormente, o Ruanda está a aplicar a lei que proíbe a importação e a utilização de sacos de polietileno e a lei é bem conhecida por 100% das pessoas entrevistadas. No entanto, há uma quantidade considerável de material plástico que entra no país, nomeadamente os plásticos não abrangidos pela lei. Por este motivo, para além das práticas de gestão de resíduos sólidos comummente conhecidas no Ruanda, como a recolha, o transporte e a eliminação em aterro, são implementadas algumas iniciativas de reciclagem na cidade de Kigali. É importante notar que não existe um quadro especializado para lidar apenas com os resíduos de plástico. Estes resíduos são integrados noutros tipos de resíduos sólidos. Os dados relativos à perceção da população sobre a gestão de resíduos estão registados no quadro 3.

Quadro 3: Perceção da população sobre a gestão de resíduos

Área problemática	Resposta			
Componente mais problemático dos resíduos	39% plástico	30 % Papel e madeira	21% metais e gramíneas	10% orgânico
Destino dos resíduos	65,1% Locais de despejo	12,3% Instalações individuais	22,7% sem destino específico	
Separação de resíduos	16,5% resíduos separados	80,7% não se separa		
Vontade de se separar	71,6% dispostos a separar-se	22.1 disposto a separar-se sob condição	6,3% sem interesse	
Disponibilidade para participar na reciclagem	67,1% Disposto a participar	22,9% dispostos a participar com incentivos	10% não estão interessados	
Desempenho de Prestadores de serviços	51,9% OBC	25,5% empresas privadas	7,2% autoridades locais	6.% individual
Desempenho das autoridades municipais	10,2% bom	21% bastante bom	67,2 pobres	
Participação do público na tomada de decisões	86,1% não participaram na tomada de decisões	76% participam em eventos organizados	92% estão dispostos a participar	

4.3.2. Recolha, transporte e eliminação de resíduos

A recolha, o transporte e a eliminação de resíduos foi outra área de preocupação durante esta investigação, tendo sido adquirida informação sobre a perceção da população relativamente à recolha, ao transporte e à eliminação de resíduos, as suas opiniões sobre as inovações propostas, como a reciclagem e a triagem de resíduos, bem como o papel dos diferentes actores, incluindo a sua participação. É de salientar que, ao nível do município, a Associação Amizero, a COOCEN, o SAMU e a COOPED foram contratados para recolher os resíduos domésticos e transportá-los para o aterro sanitário de Nduba. A informação recolhida estava relacionada com as percepções das famílias e a vontade de contribuir para a GTP, a sensibilização para o destino dos resíduos recolhidos, a vontade de separar o plástico dos resíduos sólidos, a separação dos resíduos na fonte e o desempenho do prestador de serviços de recolha de resíduos.

4.3.3. Componente problemática dos resíduos sólidos

A fim de determinar se os resíduos de plástico pós-consumo eram considerados um problema ambiental importante em relação a outros componentes dos resíduos sólidos, foi pedido aos inquiridos que indicassem, de entre os plásticos, metais, papéis e resíduos alimentares, o componente dos resíduos sólidos que era considerado um problema grave nas respectivas cidades. A grande maioria dos inquiridos (89,4%) respondeu a favor dos resíduos de plástico pós-consumo.

O valor correspondente para o papel e os resíduos alimentares combinados foi de 7,7%, enquanto os metais e a não resposta constituíram 4,1% e 1,0%, respetivamente.No entanto, este elevado reconhecimento dos resíduos de plástico como um problema importante na gestão de resíduos sólidos não corresponde à participação na gestão dos mesmos por parte dos agregados familiares. Em média, 89,43% de todos os inquiridos nos três distritos consideram que o plástico é um componente problemático importante dos resíduos sólidos, mas a sua participação na separação dos resíduos é de apenas 11,60%. Falta, portanto, uma ligação necessária para colmatar esta lacuna. Esta ligação pode ser em termos da capacidade dos agregados familiares para realizarem actividades como a separação, provavelmente porque não foram criados mecanismos que lhes permitam fazê-lo (fornecimento de sacos de eliminação de resíduos separados) ou porque não se consideram parte do sistema de gestão de resíduos.

4.3.4. Sensibilização para o destino dos resíduos recolhidos

Outro aspeto das percepções sobre a recolha de resíduos investigado foi a preocupação das pessoas com a gestão dos resíduos recolhidos nas casas e nas empresas para além das suas portas. Neste sentido, perguntou-se aos inquiridos se tinham conhecimento do destino final dos resíduos recolhidos nas suas casas/empresas. Quase metade dos inquiridos (49,30%) não tinha conhecimento do local onde o seu prestador de serviços eliminava os resíduos. Os que responderam de outra forma foram apenas 37,10%, enquanto os que não tinham a certeza se tinham conhecimento foram 12,40% e 1,20% não responderam à pergunta sobre este atributo. Esta apatia em relação ao destino dos resíduos tem implicações em termos da participação dos inquiridos nas actividades de gestão dos resíduos. Assim, se, por exemplo, os inquiridos souberem que os resíduos de plástico são reciclados, é provável que procedam à separação a nível doméstico. O conhecimento do valor potencial dos resíduos de plástico também motivaria os inquiridos a proceder à sua conservação.

4.3.5. Respostas sobre a separação de resíduos na fonte

Foi perguntado aos inquiridos se separavam os resíduos produzidos nos seus agregados familiares. Uma grande parte deles (80,7%) disse que não separava os resíduos. Apenas 16,5% responderam de outra forma. Este facto implica que há muito a fazer para que os agregados familiares possam contribuir para a GTP. Isto deve-se ao facto de a separação ser muito necessária como ponto de partida (agregados familiares) na gestão dos resíduos de plástico, em termos de reforço da reciclagem dos resíduos de plástico, bem como de melhoria da eficiência do processo de reciclagem e da qualidade dos resíduos de plástico.

4.3.6. Vontade de separar o plástico dos resíduos sólidos

Uma das questões problemáticas da gestão de resíduos é a separação dos resíduos. Na maioria dos casos, os resíduos são misturados desde as fontes até aos locais de descarga. Isto constitui um grande desafio no que respeita ao processo de reciclagem. A placa 3 mostra as práticas actuais de recolha de resíduos em muitos lares de Kigali.

Placa 3: Resíduos mistos a nível doméstico e a nível do aterro

A partir desta situação, procurou-se saber se os membros do agregado familiar estariam dispostos a separar os resíduos antes da recolha. Em resposta a este aspeto, uma grande parte dos inquiridos (71,6%), afirmou estar disposta a separar os resíduos produzidos. Os que responderam de outra forma foram 22,1% e os restantes (6,3%) não responderam à pergunta sobre este atributo. Tendo em conta o elevado grau de vontade de separar os resíduos de plástico dos restantes e os baixos níveis de realização da mesma, parece haver factores intermédios que impedem os inquiridos de transformar a sua vontade em ação. É importante notar que a vontade é sempre uma prática de mentalidade individual. Por conseguinte, as aldeias e a comunidade em geral devem investir muito na educação sobre a utilização do polietileno, a sua eliminação e as implicações para os resíduos.

4.3.7. Disponibilidade para participar na reciclagem

Foi também perguntado aos inquiridos se estariam dispostos a participar num programa de reciclagem de plásticos, caso este fosse iniciado. De acordo com as respostas dadas à pergunta, pode observar-se que uma grande maioria dos inquiridos (77,1%) estaria disposta a participar num programa de reciclagem, se este fosse iniciado. Esta elevada proporção de disponibilidade implica que, se forem criados mecanismos que permitam aos agregados familiares efetuar a reciclagem, quer através de fóruns públicos, quer através de OCB, o problema da gestão dos resíduos de plástico (GPL) pode ser atenuado, uma vez que emana do agregado familiar.

4.3.8. Prestadores de serviços de recolha de resíduos

Os inquiridos foram questionados sobre as agências envolvidas na recolha dos seus resíduos. De um modo geral, a maioria dos inquiridos (51,9%) referiu que as Organizações de Base Comunitária (OBC) são os prestadores de serviços de recolha de resíduos aos agregados familiares, seguidas das empresas privadas (25,5%). A recolha de resíduos pelas autoridades locais só foi referida por 7,2% dos inquiridos. Os senhorios e senhoras foram referidos como estando ainda menos envolvidos, com uma percentagem de apenas 6,8%.

4.3.9. Desempenho médio das autoridades municipais na gestão de resíduos

O fraco envolvimento das autoridades locais na recolha de resíduos domésticos foi ainda evidenciado nas respostas à questão em que se pedia aos inquiridos que classificassem o desempenho das respectivas autoridades locais na gestão de resíduos numa escala de muito mau, mau, razoavelmente bom, bom e muito bom. Conforme registado, um grande número de inquiridos classificou as autoridades locais em matéria de gestão de resíduos como "muito mau" ou "mau" (67,2% no conjunto). Os que as classificaram como "bastante boas" foram 21,6% e os que as classificaram como "boas" ou "muito boas" foram apenas 10,2% no seu conjunto (ver Quadro 3). Quando a classificação das autoridades municipais em matéria de gestão de resíduos foi objeto de uma análise cruzada por cidade, o quadro que emergiu não foi diferente (Tabela 3). A Tabela mostra que uma grande maioria dos inquiridos em todas as cidades classificou o desempenho das autoridades municipais na gestão de resíduos como "muito mau", "mau" e "bastante bom" (85,3% em Gasabo, 89,3% em Kicukiro e 93,9% em Nyarugenge). A classificação das autoridades locais em matéria de gestão de resíduos como "boa" ou "muito boa" combinada foi de apenas 13,5% para Nyarugenge, 9,9% para Kicukiro e 10,6% para Gasabo.

4.3.10. Participação do público na tomada de decisões sobre a gestão dos resíduos de plástico Por conseguinte, perguntou-se aos inquiridos se alguma vez tinham participado numa discussão sobre a gestão dos resíduos de plástico com funcionários de instituições e organizações importantes relacionadas com o assunto. Também lhes foi perguntado se tinham participado num evento organizado em torno da gestão dos resíduos de plástico ou se conheciam alguém que tivesse participado em tais actividades.

Conforme relatado, a grande maioria dos inquiridos nunca tinha participado em qualquer fórum de tomada de decisão sobre a gestão de resíduos de plástico (86,1%), no entanto, 83,6% relataram que participaram em qualquer evento associado à gestão de resíduos de plástico, particularmente no trabalho comunitário que é organizado no último sábado de cada mês (investigador, 2013).

4.3.11. Papel das organizações comunitárias na gestão dos resíduos plásticos

Embora não constituam uma maioria formidável, as respostas sobre qual seria o papel das organizações comunitárias num programa de reciclagem foram particularmente notáveis. Isto acontece na medida em que 43% dos inquiridos não foram capazes de fazer sugestões sobre qual seria o papel destas OBC, apesar de, numa pergunta anterior, as OBC terem sido citadas como os principais prestadores de serviços de recolha de resíduos domésticos. No entanto, as OBC, em conjunto com as ONG, foram sugeridas como agências que desempenhariam um papel fundamental na criação de consciencialização e na pressão para a criação de quadros legislativos e políticos eficazes para o programa de reciclagem.

Apenas 22,3% (dados recolhidos) dos inquiridos sugeriram que as associações de moradores mobilizariam as comunidades para a participação no programa de reciclagem através, por exemplo, da sensibilização e da pressão sobre os moradores para que aderissem aos ideais do programa, apoiassem as políticas e práticas inerentes e ajudassem as autoridades locais a monitorizar as operações de reciclagem. No entanto, mais de metade dos inquiridos (54,9%) não conseguiu fazer uma declaração sobre o que as associações de moradores fariam num programa de reciclagem, caso este fosse criado.

4.3.12. Papel dos estabelecimentos de ensino superior e das instituições de investigação

Relativamente às funções das instituições de ensino superior e de investigação na reciclagem, apenas 24,9% consideraram corretamente que poderiam realizar investigação e divulgar os resultados e outros 13,7% consideraram que poderiam introduzir cursos relacionados com a gestão de resíduos nos seus currículos. A maioria dos inquiridos (61,4%), no entanto, não conseguiu fazer quaisquer sugestões sobre qual seria o seu papel num programa de reciclagem.

4.3.13. Papel das instituições públicas na gestão dos resíduos de plástico

No que diz respeito à compreensão dos agregados familiares sobre o papel que as instituições públicas desempenhariam num programa de reciclagem, a imagem que emergiu das respostas a este atributo é a de uma ignorância chocante, exceto no caso das autoridades locais, em que apenas 31,7% não sugeriram o que a agência faria e 13% não responderam à pergunta correspondente, enquanto os restantes (55,3%) mencionaram pelo menos um dos papéis no âmbito do mandato das autoridades locais, como o planeamento físico, a disponibilização de infra-estruturas, o controlo das actividades dos operadores privados, a formulação e aplicação de regulamentos relacionados e a recolha e eliminação de resíduos.

Os inquiridos que consideravam que o governo tinha a responsabilidade de criar um ambiente político, legislativo e regulamentar favorável à reciclagem de plásticos constituíam apenas uma pequena percentagem (66,2%). No entanto, alguns inquiridos consideraram corretamente que o governo tinha a obrigação de proporcionar incentivos adequados (60,4%) e de proteger os empresários associados de adversidades externas (1,6%). No entanto, 31,5% dos inquiridos não conseguiram estabelecer a ligação entre os governos e um programa de reciclagem de plásticos.

Foi surpreendente constatar que muitos agregados familiares entendiam a sua responsabilidade num programa de reciclagem em termos genéricos, contidos em respostas como "apoiarei a reciclagem", mas não viam como a tarefa específica inerente à separação de resíduos estaria ligada à cadeia de actividades na reciclagem de resíduos de plástico.

4.4. Gestão dos resíduos de plástico na cidade numa perspetiva socioeconómica

Os aspectos sociais dos resíduos plásticos incluem os padrões de produção e tratamento de resíduos domésticos e de outros utilizadores, a gestão de resíduos baseada na comunidade e as condições sociais dos trabalhadores do sector dos resíduos: Os padrões de produção de resíduos são determinados pelas atitudes das pessoas, bem como pelas suas caraterísticas socioeconómicas. As atitudes em relação aos resíduos podem ser influenciadas positivamente por campanhas de sensibilização e medidas educativas. Em muitas zonas residenciais com baixos rendimentos, a gestão comunitária dos resíduos sólidos é a única solução viável. No entanto, as ligações funcionais entre as actividades comunitárias e o sistema municipal são muito importantes.

Os aspectos económicos da gestão dos resíduos de plástico dizem respeito ao impacto dos serviços nas actividades económicas, à relação custo-eficácia dos sistemas de gestão dos resíduos de plástico e às dimensões macroeconómicas da utilização e conservação dos recursos e da geração de rendimentos: A produção de resíduos sólidos e a procura de serviços de recolha de resíduos aumentam geralmente com o desenvolvimento económico. Normalmente, é necessário um compromisso entre os objectivos de um serviço de recolha de baixo custo e a proteção do ambiente. A melhor forma de promover a utilização eficiente e a conservação dos materiais é internalizar, tanto quanto possível, os custos da gestão dos resíduos nas fases de produção, distribuição e consumo.

O objetivo da análise económica da gestão dos resíduos de plástico era verificar se esta pode ser economicamente viável em termos de criação de emprego, geração de rendimentos e recuperação de recursos. Nesta investigação, a análise económica foi feita tendo em conta três áreas, nomeadamente a recolha de resíduos de plástico, a reciclagem de resíduos de plástico e as embalagens alternativas. Para esta secção, foram recolhidos dados durante as entrevistas com empresas envolvidas na recolha, transporte e eliminação de resíduos, empresas envolvidas na reciclagem e empresas envolvidas no fabrico de embalagens alternativas.

4.4.2. Serviços de recolha, transporte e eliminação de resíduos

O Departamento Distrital do Ambiente (EDD) é responsável pela gestão dos resíduos sólidos, mas o sector privado está envolvido para garantir uma gestão eficaz e eficiente dos resíduos sólidos. Em três distritos (Nyarugenge, Gasabo e Kicukira), quatro empresas estão envolvidas na gestão de resíduos na cidade de Kigali. São elas a COPED, a COOCEN, a AMIZERO e a SAMU. Todas elas operam em regime de franquia e com um sistema de recolha casa a casa. A qualidade do serviço prestado pelas quatro empresas de recolha de resíduos na cidade foi considerada satisfatória pelo público (83,6%). O público estava disposto a pagar uma taxa de serviço de recolha que variava entre 1500-5000Frw (550=1US$), com 80,6% a classificarem-na como moderada e 19,4% a classificarem-na como elevada. A maioria dos inquiridos (79,5%) também concordou que deveria ser responsável pelo custo da recolha do seu próprio lixo. Apenas 20,5% queriam que o Governo fosse o único responsável pela recolha do seu lixo. Este estudo permitiu concluir que Kigali está a fazer progressos na gestão dos resíduos sólidos, em parte devido ao sistema de recolha de casa em

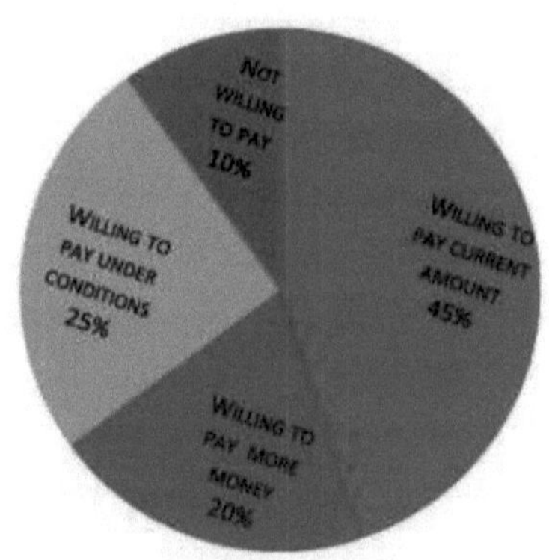

casa e a um sistema de franquia que envolve a recolha, o tratamento, a reciclagem e a eliminação dos resíduos.

Figura 8: Disposição para pagar taxas de recolha de resíduos

A Figura 8 mostra que muitas pessoas estão dispostas a pagar as taxas de recolha de resíduos, embora algumas delas paguem em determinadas condições. No entanto, quando questionados sobre se pagam regularmente as taxas de recolha, apenas 55% pagam regularmente as taxas de recolha. Atualmente, os residentes de Kigali queixam-se do aumento da taxa de recolha de lixo depois de o local de despejo ter sido transferido para um sítio longe da cidade de Kigali. As cooperativas que recolhem o lixo à volta da cidade duplicaram o preço mensal de 3000-6000 Rwf (5-10 USD) devido ao aumento da distância até ao atual local de despejo no distrito de Juba-Gasabo. Anteriormente, o local de despejo oficial era o distrito de Nyanza-Kicukiro.

As cooperativas de transporte de lixo também acusam a Câmara Municipal de Kigali de ter deixado de lhes emprestar camiões para o transporte do lixo. Entretanto, as pessoas acusam as cooperativas de não as terem informado antes de aumentarem as taxas de recolha do lixo. Os colectores de lixo continuam a defender a sua causa. Tanto as cooperativas como os residentes apelaram ao governo para que interviesse na resolução da questão do despejo do lixo.

Segundo um cálculo simples do departamento do ambiente e do saneamento da cidade de Kigali, se cada agregado familiar pagar 2000 RWf (3 USD), a cidade de Kigali arrecadará cerca de 400 000 000 RWF todos os meses (601 503 USD/mês) e este montante é suficiente para cobrir a recolha e o transporte dos resíduos para a lixeira. A falta de um sistema de recuperação eficiente, o mau serviço prestado pelas empresas de recolha de resíduos e os meios limitados de muitos agregados familiares foram apontados como a principal razão pela qual o dinheiro não é recolhido regularmente.

4.4.3. Análise económica da reciclagem

A economia desempenha um papel fundamental no planeamento de um programa de reciclagem. Para algumas comunidades rurais, é demasiado caro transportar os materiais. Além disso, os recicladores só recolhem o que podem vender facilmente. Os mercados para a maioria dos plásticos são extremamente limitados e específicos, com exceção das garrafas de plástico. É por isso que, em muitas áreas, as garrafas são os únicos plásticos que são aceites. Os custos de processamento e transporte ajudam a determinar o preço e o lucro. O plástico é um material que, tecnicamente, na sua forma pura, pode ser reciclado. No entanto, quando um plástico é transformado num artigo, não será reciclado a não ser que haja uma fábrica que o compre e o transforme num novo produto. Não faz sentido, do ponto de vista económico, recolher um artigo se não houver comprador ou mercado para esse artigo.

A tecnologia deve encontrar novas utilizações e formas economicamente inteligentes de reciclar os plásticos. Devido à constante oferta de novos produtos, a indústria é desafiada a manter-se a par do fornecimento de material potencial. A resina reciclada é um material altamente valorizado. A procura atual por parte dos fabricantes ultrapassa largamente a oferta. Por exemplo, os fabricantes de alcatifas são obrigados a comprar resina virgem porque não conseguem obter a quantidade de PET reciclado (como garrafas de água e de refrigerantes) que podem utilizar. Reciclar as nossas garrafas e contentores é a melhor forma de ajudar a garantir um fornecimento constante de plástico reciclável.

Em Kigali, cinco empresas iniciaram a reciclagem de resíduos de plástico e todas elas estão envolvidas na reciclagem de polietileno. A maior parte delas está a fabricar tubos para viveiros, lençóis e caixotes do lixo. De acordo com o diretor-geral da Eco-plastic, a reciclagem de resíduos de plástico é lucrativa desde que esteja bem organizada e que se consiga um mercado para o material reciclado.

O caso do ECO-plastic empenhado na gestão sustentável dos resíduos de plástico

A ECO-PLASTIC é uma das empresas que estão a tentar gerir de forma sustentável os resíduos de plástico através da reciclagem. Foi criada em 2002 com o objetivo de proporcionar uma saída às empresas que geram resíduos de plástico como subproduto do seu processo de produção. Ao longo dos anos, a empresa cresceu e passou a incorporar uma grande variedade de fontes de resinas termoplásticas e mercados finais. A fonte material que as empresas utilizam no reprocessamento de plástico provém de muitos fornecedores diferentes. Isto inclui empresas que geram sucata a partir de produtos que fabricam e de produtos que recebem. A Rwanda Plastic Industries também compra produtos de plástico obsoletos e danificados. Os principais produtos da Rwanda Plastic Industries são: Tubos de PVC de plástico, Jerrycans de plástico, baldes e bacias de plástico, cadeiras de plástico e caixas de plástico.

A Rwanda Plastic Industries é líder no sector da reciclagem de plástico desde a sua criação. De acordo com o diretor-geral da ECO PLASTIC, a utilização de plástico reciclado para os seus produtos não só é boa para o ambiente, ao manter o plástico fora dos nossos aterros, como também é rentável. A utilização de resinas virgens pode custar até 70% mais do que a utilização de resina reciclada. Além disso, a utilização de resina reciclada ajuda a reduzir a dependência do petróleo estrangeiro.

Atualmente, a empresa produz diferentes artigos a partir da reciclagem de resíduos plásticos, que incluem sacos de lixo utilizados para a recolha de resíduos; coberturas para criação, construção, agricultura moderna ou utilizadas em caso de catástrofe natural; saquetas impermeáveis utilizadas em departamentos médicos específicos (por exemplo, APROAN); sacos herméticos utilizados para armazenar alimentos e tubos utilizados para a multiplicação de árvores em viveiro e sacos de plástico destinados a cobrir as plântulas de bananeira.

Em resumo, a reciclagem é uma estratégia para a gestão dos resíduos de produtos de plástico em fim de vida. Faz cada vez mais sentido, tanto do ponto de vista económico como ambiental, e as tendências recentes demonstram um aumento substancial da taxa de valorização e reciclagem dos resíduos de plástico. É provável que estas tendências se mantenham, mas existem ainda alguns desafios significativos decorrentes de factores tecnológicos e de questões de comportamento económico ou social relacionadas com a recolha de resíduos recicláveis e a substituição de material virgem.

A reciclagem de uma gama mais vasta de embalagens de plástico pós-consumo, juntamente com os resíduos de plástico dos bens de consumo, permitirá melhorar ainda mais as taxas de recuperação dos resíduos de plástico e o seu desvio dos aterros. Juntamente com os esforços para aumentar a utilização e a especificação dos tipos reciclados em substituição do plástico virgem, a reciclagem de resíduos plásticos é uma forma eficaz de melhorar o desempenho ambiental da indústria dos polímeros.

De acordo com o diretor-geral da ECOPLASTIC, Sr. Wenceslas Habamungu, a reciclagem é um investimento economicamente viável. De acordo com a entrevista, a empresa tem uma fábrica de reciclagem que recicla sacos de plástico e produz:

- 2000 peças/semana de saco de lixo, caixote do lixo
- 1,3 toneladas/dia de folhas utilizadas na agricultura e na construção
- 20.000/semana de sacos utilizados nos armazéns
- 60.000 kg/semana de tubos utilizados na plantação de bananas

A produção atual da fábrica é muito baixa em comparação com a procura e são necessários mais investimentos para satisfazer o mercado. Por exemplo, a empresa está a produzir 3120 toneladas de tubos utilizados na plantação de árvores, enquanto o país necessita de cerca de 50 000 toneladas de tubos. Isto significa que a empresa cobre menos de 10% da procura do mercado. Por conseguinte, existem enormes oportunidades no domínio da reciclagem, uma vez que o mercado existe, a matéria-prima existe e existe um ambiente propício no país que pode facilitar o investimento na reciclagem, como os incentivos fiscais sobre o equipamento utilizado no processo de reciclagem.

4.4.3. Embalagens alternativas

Como já foi referido, na altura da proibição dos sacos de plástico, o Ruanda não dispunha de um fabricante nacional de uma opção reutilizável e as embalagens alternativas constituíam um sério obstáculo à aplicação da lei que proibia os sacos de plástico. Quando o governo proibiu a utilização e a importação de sacos de polietileno em 2008, muitos pensaram que isso abriria oportunidades para os investidores se aventurarem nos sacos de papel e noutros materiais de embalagem biodegradáveis. No entanto, passados oito anos, nenhum grande investimento foi realizado e a maioria dos sacos de papel é produzida em pequena escala por indústrias artesanais, enquanto mais são importados em toda a região para satisfazer a procura. A investigação considerou muito importante avaliar a situação das embalagens alternativas como forma de implementar com êxito a proibição do plástico, mas também como uma oportunidade económica.

4.4.3.1. Desafios das embalagens alternativas

Os potenciais investidores no fabrico de material de embalagem biodegradável estão assustados com os elevados custos envolvidos e a falta de competências necessárias para o seu fabrico. A diretora da Câmara das Indústrias da Federação do Setor Privado (PSF), disse que "os bancos não estão dispostos a financiar tais projectos 'porque a maquinaria é demasiado cara' e, por isso, é vista como arriscada pelas instituições financeiras". "O investimento de capital inicial é muito grande para a maioria dos investidores locais", disse, acrescentando que os potenciais investidores ainda estão hesitantes devido a preocupações ambientais. Além disso, qualquer material de embalagem fabricado localmente deve ser biodegradável, o que, por vezes, é mal interpretado pelos investidores que não querem ser vistos como estando em conflito com as diretrizes da Autoridade de Gestão Ambiental do Ruanda (REMA)", afirmou.

Para fazer face a esta situação, os fabricantes solicitaram ao governo isenções fiscais sobre os materiais de embalagem, a fim de encorajar os investidores a entrar no sector, mas tal não foi ouvido. "Os fabricantes argumentam que o fabrico de sacos de papel é dispendioso e prejudica os seus rendimentos", afirmou. No entanto, aconselhou os investidores a olharem para toda a região, uma vez que esta apresenta uma dimensão de mercado maior. Atualmente, os preços dos materiais de embalagem variam entre Rwf50 e Rwf2.000, dependendo do tamanho, o que é elevado. A deputada afirmou que o polietileno é o material de embalagem mais barato em todo o mundo devido às propriedades caraterísticas que apresenta, por exemplo, a expansão da rotulagem e o manuseamento. É por isso que o polietileno tem vindo a substituir outros materiais de embalagem. Segundo ela, se uma estimativa do papel de polietileno fosse autorizada a entrar no país, as suas despesas de embalagem baixariam de 7 milhões de rúpias por mês para cerca de 1,5 milhões de rúpias por mês, o que lhe permitiria reduzir o preço do pão e obter alguns lucros.

A falta de materiais de embalagem produzidos localmente continua a afetar os comerciantes locais, especialmente os exportadores, que têm dificuldade em importar os materiais dispendiosos, antes de reexportar os produtos acabados. O custo dos materiais de embalagem importados implica um aumento do custo de produção, o que afecta o preço dos produtos acabados, colocando-os em desvantagem competitiva no mercado internacional. Os comerciantes dizem que, ao proibir a utilização de sacos de plástico pelo governo há oito anos, não foi concebida uma alternativa sustentável e, embora os comerciantes locais não se atrevam a embalar os seus produtos em sacos de plástico, alguns produtos produzidos em países da região continuam a chegar às prateleiras de várias mercearias em Kigali.

O diretor da Fresh Pack Exports, que exporta produtos frescos para a Europa, disse que, a menos que o governo intervenha para encontrar uma solução duradoura, os comerciantes continuarão a perder no mercado. "Se importar materiais de embalagem, não há forma de competir com os outros no mercado internacional, e este é um problema sério que o governo deve analisar", disse. Disse que, num mês, gasta 10.000 dólares a importar material de embalagem, como caixas, da região, o que, acrescentou, prejudica o seu negócio. "Os materiais são caros, mas não tenho nada a fazer porque tenho de continuar no negócio", disse. Noutros países, os materiais de embalagem são fabricados localmente, como no Quénia e no Uganda, o que favorece os comerciantes locais porque os produtos chegam ao mercado a um preço mais barato.

Para responder a estes desafios, a lei que proíbe os sacos de plástico prevê algumas disposições que permitem a importação de alguns materiais de embalagem que são difíceis de substituir, necessitando de autorização da Autoridade de Gestão Ambiental do Ruanda. O governo está também a conceder incentivos fiscais aos investidores que demonstrem interesse em explorar o potencial do mercado através da produção local dos materiais.

4.4.3.1. Embalagens alternativas como oportunidade de negócio.

Enquanto as pessoas se queixam do elevado custo das embalagens alternativas, outras encontraram nelas oportunidades para novos negócios. Trata-se da fundação Case for the strive, uma associação local que desafiou os cientistas e os ruandeses em geral a encontrarem formas de fabricar produtos de embalagem a partir de algodão, sisal, fibras de bananeira e plantas, em vez de se concentrarem em apenas algumas opções. Com os conhecimentos e a cultura locais de tecelagem, utilizam as matérias-primas disponíveis localmente, como o sisal, as fibras de bananeira, o jacinto de água, o papiro e a ráfia, para criar alternativas de embalagem sustentáveis.

De acordo com o diretor-geral da ECOPLASTIC, envolvida no fabrico de tubos biodegradáveis que são utilizados no programa de plantação de árvores, as embalagens alternativas são um negócio lucrativo, uma vez que o mercado é enorme e o Governo está a conceder incentivos fiscais às empresas para a aquisição de equipamento que ajude a reciclar o plástico ou a fabricar sacos amigos do ambiente.

CAPÍTULO CINCO: DISCUSSÃO DOS RESULTADOS, CONCLUSÕES E RECOMENDAÇÕES

5.1. INTRODUÇÃO

Este capítulo analisa os principais resultados, apresenta conclusões e formula recomendações que podem contribuir para a sustentabilidade dos resíduos de plástico na cidade de Kigali e no Ruanda em geral. Os resultados são discutidos com referência aos objectivos do estudo, que consistem em avaliar o quadro político, jurídico e institucional no que respeita à gestão dos resíduos de plástico em Kigali, avaliar as práticas em matéria de resíduos de plástico na cidade, identificar os desafios ambientais, socioeconómicos e tecnológicos, os pontos fortes, os pontos fracos e as oportunidades e formular recomendações adequadas que conduzam a uma gestão sustentável dos resíduos de plástico. Nas conclusões, o autor tentou destacar os principais resultados, desafios e oportunidades, ao passo que, nas recomendações, o autor apresenta algumas boas práticas que têm de ser introduzidas para que a cidade de Kigali e o país em geral consigam uma gestão sustentável dos resíduos de plástico.

5.2. DISCUSSÃO DOS RESULTADOS DA INVESTIGAÇÃO

O autor preferiu discutir os resultados da investigação utilizando o quadro SWOT, que identifica os pontos fortes, os pontos fracos, as oportunidades e as ameaças das políticas, dos regulamentos e das instituições existentes, bem como as práticas actuais em matéria de gestão dos resíduos de plástico na cidade de Kigali.

5.2.1. Quadro político, jurídico e institucional

O Ruanda não dispõe de uma política específica que regule os resíduos de plástico. As disposições relacionadas com os resíduos de plástico estão dispersas por diferentes políticas e leis. Para além disso, não existe uma instituição específica que se ocupe da gestão dos resíduos de plástico. A responsabilidade das instituições ambientais parece pesada e existe uma duplicação de responsabilidades, bem como lacunas e elementos em falta nas disposições regulamentares para uma melhor gestão efectiva dos resíduos de plástico. De facto, a nível nacional, o MININFRA está envolvido em projectos de financiamento da gestão de resíduos, na elaboração de políticas, na monitorização e na regulamentação, enquanto que, ao mesmo nível, o MINIRENA e o MINISANTE são também responsáveis pelo financiamento e pela regulamentação dos serviços de gestão de resíduos.

As responsabilidades do MININFRA, do MINIRENA e de outras instituições públicas são definidas pelo termo "cooperar", que é ambíguo. O MININFRA é responsável perante o governo pela gestão do saneamento, mas não é claro se ele (MININFRA) tem ou não poderes sobre outros ministérios (MINIRENA, MINISANTE, etc.) ou outras instituições públicas como a REMA e a cidade de Kigali, especialmente na gestão de resíduos. Esta lacuna leva à sobreposição de tarefas entre instituições na implementação de diferentes actividades, políticas e leis.

Ao nível da cidade, as sobreposições fundem-se entre a REMA e a Câmara Municipal de Kigali, parecendo que a REMA está mandatada para levar a cabo todas as questões ambientais, mesmo ao nível da cidade, tais como aplicação de regulamentos, inspeção e monitorização de actividades. Espera-se que assuma numerosas tarefas de inspeção e licenciamento de empresas industriais, recolha de amostras, avaliação de processos de AIA e imposição de sanções por violações ambientais, promovendo a sensibilização para a proteção ambiental. O problema é que existem várias agências, tais como a RBS, a RURA, a cidade de Kigali e o MINISANTE, com mandatos para realizar as mesmas tarefas ou tarefas muito gerais. Este facto dificulta a definição dos mandatos das instituições em causa, devido à generalidade da repartição de competências.

O sistema legislativo e político relativo ao ambiente e ao saneamento no Ruanda é ainda pouco eficaz. Embora os regulamentos devam ser concisos e facilmente compreensíveis, é necessário que sejam pormenorizados, com disposições (ou cláusulas) específicas que abordem questões importantes. Em geral, os documentos políticos continuam a ser muito amplos e gerais e estabelecem apenas um quadro básico.

Embora as taxas dos serviços de recolha de resíduos possam cobrir os custos da recolha primária, raramente cobrem a totalidade dos custos de transferência, tratamento e eliminação, especialmente entre os grupos com baixos rendimentos. Para alcançar a equidade no acesso aos serviços de resíduos, devem ser promovidos e aplicados alguns sistemas de taxas e/ou financiamento a partir das receitas gerais. Por exemplo, os grandes produtores de resíduos devem pagar o custo total dos serviços de eliminação, uma vez que o Ruanda segue o princípio do "poluidor-pagador".

A criação de estruturas administrativas de gestão de resíduos com uma forte componente relacionada com a gestão dos resíduos de plástico deve ser uma das principais prioridades. Este é o principal problema na implementação de políticas ambientais e de qualquer programa que tenha por objetivo melhorar os serviços urbanos e a qualidade do ambiente urbano. Isto deve-se ao facto de a escolha dos instrumentos políticos e regulamentares determinar, em grande medida, o nível de responsabilidade do governo e o tipo de instituições, bem como os mecanismos de aplicação. A agência responsável pela aplicação das políticas de saneamento deve ter uma autoridade claramente delineada e conhecimentos adequados para levar a cabo as suas funções de execução.

Além disso, o sistema legislativo global relativo à gestão dos resíduos em geral e dos resíduos de plástico em particular, na sua forma atual, necessita de ser desenvolvido através de regulamentos específicos para a implementação, execução e monitorização de cada etapa do processo de gestão, bem como de ser conciliado com outras leis. As diretrizes técnicas associadas à legislação devem ser desenvolvidas e aplicadas.

5.2.2. Pontos fortes da gestão dos resíduos de plástico

Os pontos fortes são considerados como pontos positivos que tornaram possíveis diferentes iniciativas no sector dos resíduos de plástico, mas devem ser causados por factores internos. Por outras palavras, os pontos ou realizações que as pessoas e instituições diretamente envolvidas podem controlar internamente. A partir dos resultados do capítulo quatro, os pontos fortes no que respeita à gestão dos resíduos de plástico podem ser resumidos como a existência de diferentes instrumentos legais e políticos; a existência de um conjunto de instituições que podem lidar com a gestão de resíduos; a cultura de limpeza e o trabalho comunitário; a gestão de resíduos como uma oportunidade de ganhar dinheiro; a disponibilidade da população para pagar a recolha e o transporte de resíduos.

A disponibilidade de apoio das instituições governamentais ao sector privado é outro ponto forte que deve ser explorado pelo operador privado. De acordo com o diretor da gestão de resíduos da cidade de Kigali, cabe ao sector privado desenvolver este sector, mas para aqueles que necessitam de apoio técnico é garantido.

5.2.3. Pontos fracos da gestão dos resíduos de plástico

Os pontos fracos referem-se às tendências negativas que impedem a boa prática da gestão dos resíduos de plástico no Ruanda. A partir dos dados recolhidos, a falta de apropriação da gestão de resíduos por parte da administração local em Kigali e a falta de coordenação das instituições governamentais que têm a gestão de resíduos nas suas atribuições surgiram como a maior fraqueza neste domínio da gestão de resíduos de plástico. Além disso, a triagem dos resíduos que não é feita na fonte e a falta de empresas tecnicamente qualificadas na gestão de resíduos em Kigali são também consideradas como pontos fracos deste sector.

Por último, a falta de parceria entre os sectores público e privado, a falta de empresas financeiramente qualificadas para a gestão de resíduos em Kigali, a falta de empresas privadas vibrantes e agressivas, bem como o baixo nível de sensibilização para os resíduos de plástico, também impedem as boas práticas de gestão dos resíduos de plástico.

5.2.4. Oportunidades de gestão dos resíduos de plástico

As oportunidades da gestão de resíduos de plástico no Ruanda referem-se às realizações e iniciativas que contribuem para as melhores práticas de gestão de resíduos de plástico. Essas iniciativas são reforçadas por factores externos que os intervenientes diretos na gestão dos resíduos de plástico não podem controlar internamente. A boa imagem do Ruanda em matéria de proteção ambiental e o facto de ter sido o primeiro país a proibir a importação, o fabrico e a utilização de sacos de polietileno na região surgiram como as maiores oportunidades neste domínio, ao passo que a proibição da importação de sacos de polietileno como uma oportunidade para investir na reciclagem de plástico no Ruanda também foi apresentada como uma oportunidade de imersão.

Além disso, o facto de o Ruanda fazer parte de organismos de integração regional como a Comunidade da África Oriental (EAC) e a Região dos Grandes Lagos (CPGL) e os mecanismos de financiamento existentes são também oportunidades para a gestão dos resíduos de plástico.

5.2.5. Ameaças da gestão dos resíduos de plástico

As ameaças à gestão dos resíduos de plástico no Ruanda referem-se às tendências negativas que podem prejudicar as melhores práticas de gestão dos resíduos de plástico. Na maior parte das vezes, essas tendências ou acções não são controladas internamente pelos intervenientes diretos neste domínio.

A falta de inovações na gestão dos resíduos de plástico e dos resíduos em geral e a falta de harmonização na proibição do plástico na região (EAC, CPGL e outros) são as maiores ameaças à gestão dos resíduos de plástico no Ruanda. De acordo com as informações fornecidas, outras ameaças são a falta de investidores internacionais neste domínio da gestão dos resíduos de plástico, o acesso limitado aos fundos, o contrabando contínuo de sacos de polietileno, principalmente dos países vizinhos, incluindo o Uganda, a RDC, a Tanzânia, o Burundi e o Quénia.

5.3. MEDIDAS POLÍTICAS E ABORDAGENS TÉCNICAS PROPOSTAS PARA A CIDADE DE KIGALI

Em conformidade com as discussões acima referidas, o pacote de medidas políticas e abordagens técnicas para a gestão sustentável dos resíduos de plástico na cidade de Kigali é reconstruído sob a forma de uma hierarquia de gestão de resíduos aplicável, tal como indicado na Fig. 9. As descrições pormenorizadas seguem o diagrama. A hierarquia de gestão de resíduos de plástico proposta para a cidade de Kigali aborda os aspectos pré e pós-consumo dos resíduos de plástico. Os dois primeiros requisitos, ou seja, a redução e a reutilização, incidem na fase anterior ao consumo e constituem abordagens de "gestão". Os dois segundos, ou seja, a reciclagem e a deposição em aterro, são abordagens "técnicas" que incidem na fase pós-consumo. O principal objetivo deve ser a redução do consumo de resíduos, com a correspondente compensação pela reutilização, que deve ser incentivada através do fornecimento de sacos de plástico mais duráveis e espessos e de alternativas como sacos de pano e tradicionais.

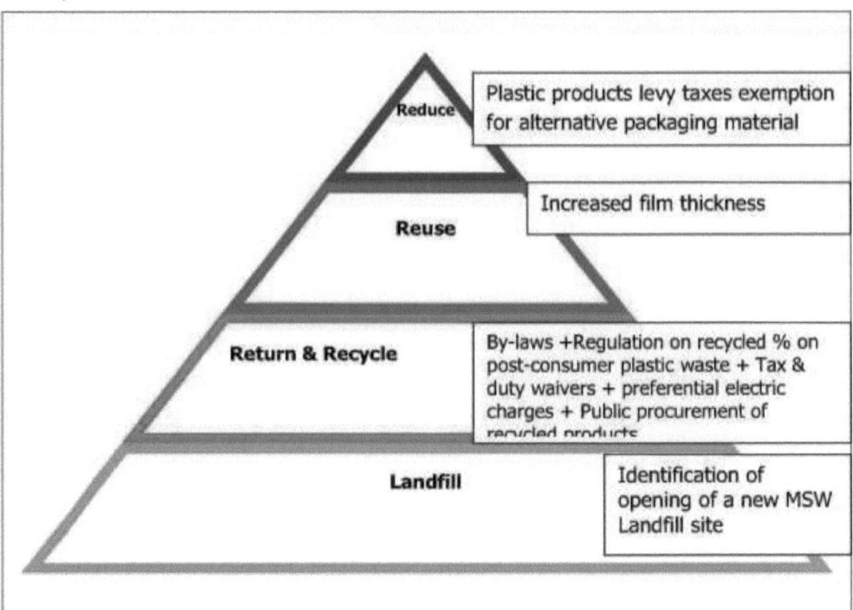

Figura 9: Proposta de estratégia para os resíduos de plástico em Kigali

5.3.1. Redução

A redução deve ser conseguida principalmente através da introdução de uma taxa sobre cada saco de plástico vendido (exceto os reutilizáveis). Para obter o máximo efeito, a taxa deve ser transferida (por lei) para o consumidor . Desta forma, é possível induzir a mudança pretendida no comportamento do consumidor no sentido da utilização racional e da reutilização dos sacos de plástico. Para facilitar a sua aplicação, recomenda-se que a taxa seja cobrada aos fabricantes e importadores de plástico. Isto é essencial, uma vez que a cobrança direta aos clientes será problemática num país onde uma percentagem considerável de empresas, por exemplo quiosques, são informais e a maioria não utiliza o sistema de recibos.

Uma desvantagem da cobrança da taxa aos fabricantes e importadores poderia ser a perda dos "efeitos de orientação" sobre os consumidores. Isto significa que a existência do imposto pode não ser evidente para os compradores, em comparação com a outra opção em que é cobrado diretamente aos consumidores no ponto de venda. Este facto, por sua vez, pode não estimular os clientes a trazerem o seu próprio saco ou a pagarem por um, como foi o caso na África do Sul. O nível ótimo deste imposto tem de ser determinado por tentativa e erro até se atingir o objetivo intermédio de redução do consumo de resíduos. É necessário realizar um estudo tanto no sector informal como no sector formal para determinar realisticamente em que medida o consumo deve ser reduzido sem afetar negativamente as empresas.

É essencial que os fundos obtidos através da taxa sejam afectados separadamente a causas ambientais, ou seja

(a) Desenvolvimento de instalações de recolha e reciclagem de resíduos de plástico pós-consumo;

(b) Campanhas de sensibilização do público para a separação na fonte e a eliminação responsável;

(c) Para cobrir os custos de limpeza de zonas com muito lixo; e

(d) Investigação e desenvolvimento de sacos alternativos, por exemplo, sacos de pano, a curto e médio prazo. Foi o caso da Irlanda e da África do Sul.

Uma campanha de sensibilização do público é um instrumento de apoio para reduzir o consumo de resíduos. A campanha pode dirigir-se a consumidores individuais, supermercados e quiosques. Para além dos meios de comunicação social comuns (jornais, rádio, televisão), podem ser utilizados outros meios adaptados, por exemplo, brochuras.

5.3.2. Reutilização

É prudente partir do princípio de que a reutilização também é facilitada pelos mesmos instrumentos que têm impacto no consumo de resíduos. Uma taxa encarece os sacos descartáveis, levando a opções mais duradouras (reutilizáveis), ao passo que as campanhas de sensibilização podem ser orientadas para desencorajar a cultura de usar e deitar fora e cultivar a reutilização. Há também um *requisito técnico* adicional, ou seja, a espessura da película dos sacos e as suas dimensões têm de ser corretamente ajustadas para os tornar mais duráveis e também reutilizáveis. Além disso, a reutilização poderia ser facilitada pela disponibilidade de sacos duráveis que não sejam de plástico, como os cestos tradicionais.

5.3.3. Reciclagem

O desafio associado à reciclagem de plásticos já foi discutido. No entanto, esta investigação sugere que esta deve constituir a principal abordagem técnica para gerir os resíduos de plástico em Kigali a curto e médio prazo. As razões subjacentes (parcialmente reveladas pela avaliação contextual) são discutidas abaixo.

a) Há uma série de indústrias de reciclagem de plásticos já em funcionamento em Kigali e noutros locais do Ruanda. As OCB, como a COOPED, também se dedicam à recuperação de resíduos de plástico para produzir produtos úteis. Isto implica que existem algumas infra-estruturas e conhecimentos locais para apoiar este tipo de empreendimento.

b) Existe um impulso económico para a reciclagem de resíduos de plástico, como demonstrou o debate com a indústria. A atual indústria do plástico no Ruanda depende totalmente de matérias-primas importadas. Dado o custo relativamente baixo da mão de obra, os resíduos de plástico poderiam ser recolhidos e transformados para serem fornecidos aos fabricantes a um preço competitivo em relação ao material virgem.

c) Alguns produtos derivados de resíduos de plástico reciclado (incluindo sacos) estão a abrir oportunidades promissoras. Um exemplo é a cobertura de plástico preto para estaleiros de construção. Também estão a ser produzidos postes de plástico. Noutros locais do mundo em desenvolvimento, há provas da reciclagem de sacos de plástico para várias outras aplicações. Na Índia, os sacos de plástico misturados com betume têm sido utilizados na construção de pavimentos rodoviários (CMEN, 2005). No Uganda, foram utilizados para o fabrico de condutas de água (*Ibid.*).

d) Outras opções técnicas, como instalações de incineração, não são promovidas pelas políticas ruandesas, exceto a incineração de resíduos hospitalares, para a qual o país não dispõe de alternativa.

e) Exemplos práticos de outros países podem ser utilizados pela cidade de Kigali e pelo Ruanda em geral. Por exemplo, a África do Sul não incinera resíduos de plástico para produzir energia. O país tem incineradores apenas para resíduos médicos, enquanto a incineração de RSU ainda não é considerada económica por uma série de razões, por exemplo, o volume relativamente baixo de resíduos em comparação com os países europeus e as regras muito rigorosas contra os incineradores. A situação é semelhante na Índia (Narayan, 2001), que documentou que, apesar dos benefícios que a incineração está a proporcionar nos países europeus, os resíduos indianos não são apropriados para tais aplicações, uma vez que contêm apenas 3 a 7% de combustíveis como o papel e os plásticos na altura em que os resíduos chegam ao local de eliminação. As razões para tal são o facto de estes materiais serem normalmente recuperados junto à fonte pelos recolhedores.

Consequentemente, o poder calorífico no momento da eliminação é relativamente baixo, o que exige a adição de fuelóleo para facilitar a combustão (o que é bastante dispendioso). Também não é preciso dizer que a incineração concorre com a reciclagem quando se trata de resíduos de plástico (Narayan, 2001). Assim, com uma abordagem de redução na fonte, tal como defendida pelos princípios de gestão de RSU (que também orientam esta investigação), a incineração, que depende do fornecimento de grandes quantidades de resíduos com um elevado valor calorífico, não pode ser simultaneamente viável.

A experiência da África do Sul também mostra que a reciclagem é, atualmente, uma solução técnica plausível para os resíduos de plástico. A Federação de Plásticos da África do Sul afirma que o país já está a reciclar 25% dos seus resíduos de plástico. No entanto, um sector de reciclagem dinâmico só pode ser estabelecido através de medidas de intervenção adequadas. As medidas que se seguem são adequadas ao contexto ruandês, como as avaliações contextuais e os estudos de caso do país puderam demonstrar.

f) Garantir uma elevada taxa de cobrança

Esta é uma das pedras angulares de um sistema de reciclagem eficaz. Com uma taxa (ou depósito) em vigor, haveria fundos disponíveis para cobrir os custos da recolha. De acordo com a tendência prevalecente, que parece ser orientada para o mercado, o serviço pode ser externalizado a empresas privadas e organizações de base comunitária. O principal papel do CCN deveria ser a formulação e a aplicação de regulamentos sobre lixo e descargas ilegais. Pode também desempenhar um papel crucial através da disponibilização de caixotes de lixo nas bermas das estradas e em locais públicos para uma eliminação adequada. Os supermercados e os grandes armazéns também podem ajudar, disponibilizando caixotes de recolha para produtos de plástico. Isto não deverá constituir um problema, uma vez que alguns supermercados, mercados e parques de estacionamento já tomaram medidas para o efeito. No entanto, nesta alternativa (com uma taxa), os instrumentos de gestão para obter uma taxa de retorno elevada são as leis sobre lixo e descargas ilegais (apoiadas por campanhas de sensibilização).

g) Criação de um mercado para produtos de plástico reciclado

Os condicionalismos do mercado para os produtos reciclados são um problema crucial, como, por exemplo, o que se verifica em empresas de reciclagem como a SOIMEX e a ECOPLASTIC. Por conseguinte, para que a reciclagem possa surgir como uma solução, é necessário adotar instrumentos adequados. A primeira categoria inclui uma regulamentação sobre a percentagem de reciclagem dos resíduos de plástico pós-consumo. Na segunda categoria, encontram-se os instrumentos económicos, incluindo a isenção de impostos e taxas (sobre máquinas de reciclagem e fornecimentos para fábricas) e tarifas preferenciais de energia para os recicladores. Um instrumento adicional que pode ser considerado é a aquisição pública de produtos reciclados. Ao incluir nos contratos de compra disposições que favoreçam os produtos reciclados, o governo pode apoiar a reciclagem. Os produtos que podem ser promovidos desta forma podem ser folhas de plástico preto para a construção de edifícios, postes de plástico para vedações, bancos de jardim, etc.

h) Fornecimento de tecnologia e know-how adequados

Algumas das tecnologias utilizadas na reciclagem de resíduos de plástico não são seguras e não cumprem as normas (por exemplo, a fábrica ECOPLASTIC). Este problema poderia ser atenuado através da prestação de serviços de apoio por instituições como o Instituto de Ciência e Tecnologia de Kigali (KIST). Estas instituições poderiam ajudar na identificação de tecnologias adequadas para a gestão de resíduos de plástico no Ruanda. É necessário investir muito dinheiro na inovação tecnológica para a produção de materiais amigos do ambiente, uma vez que os plásticos contêm hidrocarbonetos.

5.3.4. Enchimento de terrenos

É sensato assumir que os materiais que não podem ser reciclados por várias razões requerem uma eliminação adequada. No que respeita aos plásticos, as razões podem ser, entre outras, uma contaminação muito elevada, a ausência de capacidade de reciclagem dos sacos de lixo, etc. Além disso, todos os produtos terão de ser eliminados, mesmo as cinzas volantes e de fundo das incineradoras. Dado o carácter pouco atrativo da incineração e da queima de resíduos de plástico, a deposição em aterro é a única opção que pode ser considerada para lidar com a quantidade de resíduos de plástico que não podem ser tratados através da reciclagem.

O maior desafio a curto e médio prazo, no entanto, é a falta de um aterro sanitário adequado e bem concebido. Para fazer face ao volume crescente de RSU na cidade, é urgente criar um aterro sanitário onde uma pequena quantidade de resíduos de plástico possa também ser co-disposta. O fundo a obter da taxa poderia ser parcialmente canalizado para cobrir esses custos. A tradição atual de despejo a céu aberto não é a "melhor prática", como já foi discutido, e não pode ser recomendada como tal.

Para concluir, vale a pena referir que a solução a longo prazo para o problema dos resíduos de sacos de plástico tem de passar pela alteração da natureza do próprio produto. Os sacos de plástico actuais baseiam-se em recursos não renováveis. Além disso, não são biodegradáveis. É indubitável que um sistema de produtos sustentável tem de se afastar do atual modo linear de produção e consumo (por exemplo, os sacos de plástico actuais) para se aproximar do modo cíclico que caracteriza os sistemas naturais.

5.4. CONCLUSÕES

A gestão sustentável dos resíduos de plástico é definida como a utilização eficiente dos recursos materiais para reduzir a quantidade de resíduos produzidos e, quando estes são gerados, o seu tratamento de forma a contribuir ativamente para os objectivos económicos, sociais e ambientais do desenvolvimento sustentável. Um sistema eficaz de ISWM considera a forma de prevenir, reciclar e gerir os resíduos sólidos de modo a proteger mais eficazmente a saúde humana e o ambiente. Envolve a avaliação das necessidades e condições locais e, em seguida, a seleção e combinação das actividades de gestão de resíduos mais adequadas a essas condições.

A presente investigação deu uma ideia das principais fontes de resíduos de plástico em Kigali e das práticas actuais na cidade de Kigali no que respeita aos resíduos de plástico de polietileno e de garrafas PET. Embora tenha sido criada e aplicada uma lei que proíbe a importação e a utilização de sacos de polietileno algum tempo antes de 2008, ano em que foi aprovada, continua a existir uma quantidade considerável de artigos de polietileno. No entanto, estes produtos são utilizados em sectores conhecidos, como a recolha de lixo, a colocação de folhas e tubos, exceto os que vêm do estrangeiro como artigos de embalagem para produtos de supermercados e artigos médicos. Foi revelado que as garrafas PET provêm principalmente da indústria de produção de bebidas engarrafadas. Os resíduos de garrafas PET continuam a ser um desafio para a cidade de Kigali; entre as 80000 garrafas geradas diariamente no mercado da cidade de Kigali, apenas 12000 (15%) estão a ser recolhidas para serem recicladas num futuro próximo, embora os recicladores continuem a ter falta de material de mistura. Outras são reutilizadas e uma quantidade considerável acaba no aterro municipal da cidade de Kigali.

A falta de um processo sustentável de recolha de resíduos de plástico no Ruanda é um dos principais factores que limitam a gestão dos resíduos de plástico no país. A este respeito, um sistema fiscal para a recolha de resíduos de plástico no Ruanda deve ter em conta todos os intervenientes, incluindo os produtores de plástico, os utilizadores de plástico, os recicladores de plástico e os retalhistas de plástico. Até à data, a tributação dos intervenientes na indústria dos plásticos tem sido fraca, uma vez que tem visado predominantemente os agregados familiares que, aliás, constituem apenas um pequeno subconjunto de todos os intervenientes na indústria dos plásticos no Ruanda. Por isso, é necessário que se olhe mais longe e para além para incluir todos os outros contribuintes para a poluição de plástico. Isto constituiria uma abordagem mais holística para distribuir uniformemente a responsabilidade local da poluição plástica numa magnitude correspondente aos níveis de poluição.

Dado que qualquer empresa ou atividade que gere resíduos no ambiente e/ou degrade o ambiente deve contribuir para a limpeza ambiental ao abrigo do acordo "Poluidor-Pagador", essas empresas e actividades têm uma responsabilidade social e empresarial de contribuir para um fundo fiscal de recolha de plásticos e limpeza ambiental (taxas de responsabilidade pela poluição). Assim, para a recuperação dos resíduos de plástico do ambiente no Ruanda, é defendido um sistema de taxas de plástico poluidor-pagador (PPP). Isto exige um sistema de taxa incremental adequado (talvez por quilograma de plástico) que tenha em conta a margem de poluição do plástico a ser aplicada a todos os actores.

5.5. RECOMENDAÇÕES

A má gestão dos resíduos plásticos das habitações ou dos centros comerciais pode prejudicar os esforços de desenvolvimento económico e propagar doenças e mal-estar. Deve ser dada prioridade à minimização dos resíduos e à implementação de uma gestão integrada dos resíduos sólidos nas zonas urbanas. Atualmente, existe uma vasta gama de tecnologias disponíveis para a recolha, tratamento e eliminação de resíduos. No entanto, as actividades de implementação devem basear-se em conceitos e as tecnologias devem ser avaliadas no âmbito do quadro político integrado em termos de aceitação social e de viabilidade financeira e técnica

Por isso, para além das estratégias propostas na secção 5.4, são feitas as seguintes recomendações para conseguir resíduos de plástico sustentáveis na cidade de Kigali e no Ruanda em geral:

1. Deve ser adoptada uma lei abrangente que regule o fabrico, a importação e a utilização de plásticos e substitua a lei existente que prevê a proibição dos sacos de polietileno. A lei deve considerar todos os aspectos da gestão dos resíduos de plástico e criar incentivos à reciclagem e às embalagens alternativas.
2. Deve ser criada uma instituição específica responsável pela gestão dos resíduos, a fim de coordenar todos os esforços que visam uma gestão sustentável dos resíduos e, em particular, dos resíduos de plástico. Atualmente, esta responsabilidade é partilhada por mais de cinco instituições (Ministério responsável pelo Ambiente, Ministério das Infra-estruturas, Agência Reguladora dos Serviços Públicos do Ruanda, Autoridade de Gestão do Ruanda e Agência da Energia, da Água e do Saneamento), o que conduz a duplicações e conflitos de funções.
3. O governo e a Câmara Municipal de Kigali, em particular, deveriam conceder incentivos aos que se dedicam à reciclagem de polietileno, especialmente quando a matéria-prima/resíduos não é suficiente. Deveriam também ser isentos de impostos aquando da importação de equipamento de reciclagem.
4. Devem ser apoiadas e promovidas iniciativas de embalagens alternativas, a fim de resolver os problemas decorrentes da proibição dos sacos de polietileno.
5. Os princípios da retoma e da responsabilidade alargada do produtor devem ser incorporados na legislação e nas orientações nacionais e aplicados a todos os produtores e utilizadores de plástico para facilitar a recolha de resíduos de plástico.
6. Alteração e adoção de programas escolares sobre o código, a utilização e a eliminação dos plásticos, de modo a que uma nova geração tenha conhecimentos sobre o assunto.

5.6. INVESTIGAÇÃO FUTURA

Com base nas conclusões deste estudo, há duas áreas que necessitam de investigação futura. O primeiro domínio de investigação futura é o das embalagens alternativas ao plástico que respeitam o ambiente. O presente documento tentou refletir sobre os prós e os contras desta opção, mas não de forma suficientemente detalhada. Serão realmente viáveis, em particular em África? Estarão disponíveis recursos suficientes de matérias-primas sustentáveis para apoiar o seu sucesso? Quais são os impactos ambientais do ciclo de vida mais alargado? Estas e muitas outras questões devem ser investigadas no âmbito de novos estudos.

O segundo domínio é o do sistema de reembolso de depósitos. Poderá este sistema resolver o problema em causa? O presente documento discutiu o seu potencial como instrumento económico potente para fazer face aos impactos ambientais dos artigos que acabam no fluxo do lixo, com base nas experiências de outros países. Não foi investigado o tipo que melhor poderia funcionar para os sacos de plástico, nem as modalidades de aplicação. Um problema é o facto de não existirem experiências reais sobre a utilização de tais sistemas para gerir os resíduos de plástico. A experimentação em pequena escala pode ser uma área interessante de investigação no futuro e, juntamente com ela, um estudo de avaliação pormenorizado para determinar a sua adequação antes do aumento de escala e da implementação completa.

REFERÊNCIAS

1. **Achankeng Eric** (2003): Globalization, Urbanization, Municipal Solid Wastes Management in Africa, Actas da Associação de Estudos Africanos da Australásia e do Pacífico, Universidade de Adelaide.

2. **Barnes Al** (2009), Accumulation and fragmentation of plastic debris in global environment (Acumulação e fragmentação de detritos plásticos no ambiente global). The Royal Society.

3. **Bemelemans-Videc, Marie-Louise, Rist, C. Ray & Vedung, Evert**, (1998). Cenouras, paus e sermões: Instrumentos políticos e sua avaliação. New Brunswick: Transaction.

4. **Bonnie De Simone (2006).** Rewarding Recyclers and Finding Gold in the Garbage [Recompensar os Recicladores e Encontrar Ouro no Lixo]. New York Times.

5. **Brannen, Julia** (1992). Mistura de métodos: Qualitative and quantitative research. Aldershot, Avebury.

6. **Camilla Louise BJerkli(2001).**O ciclo dos resíduos de plástico: An analysis on the informal plastic recovery system in Addis Ababa, Ethiopia.

7. **David, P. Serrano e Josee Aguado** (1999). Feedstock recycling of plastic wastes (Reciclagem de resíduos de plástico como matéria-prima). Clean Technology Monographs.

8. **Comissão Europeia** (2005). Techno-Economic feasibility of large scale of bio based polymers in Europe (Viabilidade técnico-económica de polímeros de base biológica em grande escala na Europa). ISBN, Espanha.

9. **Comissão Europeia** (2013). Livro Verde sobre uma estratégia europeia para os resíduos de plástico no ambiente**.** ISBN, Espanha.

10. **Fobil, J. N. (**2000). Municipal Solid Waste Characterization for Integrated Management in the Accra Metropolis, (MSc. Thesis.), University of Ghana, Legon, Accra.

11. **Governo do Ruanda** (2005). Lei Orgânica que Determina as Modalidades de Proteção, Conservação e Promoção do Ambiente no Ruanda, Tipografia do Governo, Kigali.

12. **Governo do Ruanda** (2008). Lei relativa à proibição do fabrico, importação, utilização e venda de sacos de polietileno no Ruanda, Tipografia do Governo, Kigali.

13. **Governo do Ruanda** (2009). Plano estratégico do Ministério do Comércio e da Indústria 2009-2012, tipografia do Governo, Kigali.

14. **Indian Centre for Plastics in the Environment** (2005). Cenário de consumo e reciclagem na Índia - comparação. Disponível em: http://www.icpenviro.org/Statistics.asp
[2005, 6 de março].

15. **Centro Nacional de Produção Mais Limpa do Quénia** (2006). Uma estratégia

abrangente de gestão de resíduos de plástico para a cidade de Nairobi, Quénia.

16. **Koanda, H** (2006) Vers un assainissement urbain durable en Afrique subsaharienne: Approche innovante de planification de la gestion des boues de vidange. Ecole Polytechnique Federale de Lausanne, tese de doutoramento, Lausanne, Suisse

17. **Lardinois, Inge & Klundert van de, Arnold** (1995). Resíduos de plástico. Options for small scale resource recovery. Urban Solid Waste Series 2. Consultor de resíduos.

18. **Limb, Melanie & Dwyer, Claire** (2001).Qualitative Methodologies for Geographers. Issues and Debates. Oxford University Press.

19. **Lindsay James M.(** 1997). Techniques in Human Geography. Routledge Contemporary Human Geography.

20. **MENSAH Michael Wienaah** (2007). Gestão sustentável dos resíduos de plástico: Case study of Accra, Ghana (Estudo de caso de Acra, Gana).

21. **Narayan, Priya** (2001). Analysing plastic waste management in India (Análise da gestão dos resíduos de plástico na Índia): Case study of polybags and PET bottles. Lund: Universidade de Lund.

22. **Pawan Sikka (2009).** Plastic waste management in india, Departamento de Ciência e Tecnologia, Governo da Índia, Nova Deli - 110 016 (Índia)

23. **REMA (2005).** Lei Orgânica n.º 4/2005, de 8 de abril de 2005, relativa à gestão e conservação do ambiente. Diário da República.

24. **Ren Xin. (2003).** Plásticos biodegradáveis: uma solução ou um desafio? Journal of cleaner production, p.28, p 35.

25. **Robert,K. e Yin, R. (1994).** Case study research: Design and methods (2ª ed.). Thousand Oaks, CA: Sage Publishing.

26. **Robinson Guy, M**. 1998. Methods and Techniques in Human Geography. Wiley.

27. **Saechtling, H. (1987).** International Plastics Handbook for the Technologist, Engineer and User, 2nd edition. Hanser Publishes, Munique.

28. **Scheizer, F.e Annold, K.** (1996). Privatisation of Solid waste management in Ghana (Privatização da gestão de resíduos sólidos no Gana).

29. **Schouten, A.E. e Van der Vegt, A.K**. (1991). Plastics, 9ª edição. Delta Press BV, Amerongen.

30. **Stake, R. E. (1995).** The art of case study research. Thousand Oaks, CA: Sage.

31. **Thomas Lindhqvist & Karl Lidgren**(1990). "Models for Extended Producer Responsibility", na Suécia.

32. **Tractebel(2001)**. Estudo de viabilidade para a valorização dos resíduos plásticos no Benim, relatório preliminar, Ecoplan.

33. **Tumusiime Kenneth (2010).** Wealth from plastic waste. Kampala, Uganda.

34. **Programa das Nações Unidas para o Ambiente** (2004). O programa-quadro de 10 anos para África (10YFP) sobre consumo e produção sustentáveis. [Online]. Disponível: http://www.uneptie.org/pc/sustain/reports/regional%20initiatives/Africa%20 10YFP%20June%202005.pdf[2005, August 23]

35. **Yin, R. (1994).** Case study research: Design and methods (2ª ed.). Thousand Oaks, CA: Sage Publishing.

36. http://www.oecd.org/env/resourceproductivityandwaste/46320584.pdf

37. http://www.cpcb.nic.in/divisionsofheadoffice/pcp/management_plasticwaste.pdf

38. http://www2.lwr.kth.se/Publikationer/PDF_Files/LWR_EX_07_10.PDF

39. http://www.sysav.se/upload/ovrigt/Sysav%20Utveckling%20rapporter/Sustainable%20 management%20of%20plastic%20bag%20waste.pdf

Printed by Books on Demand GmbH, Norderstedt / Germany